U0284898

壽山石文化叢書

王世襄題

方宗珪/著

寿山石
珍宝
田黄

ShouShanShi
ZhenBao TianHuang

荣寶齋出版社
北京

图书在版编目(CIP)数据

寿山石珍宝田黄/方宗珪著. -北京：荣宝斋出版社，2019.5

(寿山石文化丛书)

ISBN 978-7-5003-2167-5

Ⅰ.①寿… Ⅱ.①方… Ⅲ.①寿山石-介绍-福州 Ⅳ.①TS933.21

中国版本图书馆CIP数据核字(2019)第060876号

责任编辑 黄晓慧
刘 芳
责任校对 王桂荷
装帧设计 安鸿艳
王 玺
孙海燕
郑子杰
责任印制 孙 行
毕景滨
王丽清

寿山石文化丛书 · 寿山石珍宝田黄

出版发行 荣寶齋出版社
地 址 北京市西城区琉璃厂西街19号
邮 编 100052
制 版 北京兴裕时尚印刷有限公司
印 刷 廊坊市佳艺印务有限公司
开 本 787毫米 ×1092毫米 1/16
印 张 11.625
版 次 2019年5月第1版
印 次 2019年5月第1次印刷
印 数 0001-2000
定 价 86.00元

目录

弁　言　1

田黄溪人文景观　3

田黄的成因与矿质
33　一、古老传说　美妙神奇
37　二、科学探究　揭开面纱
38　三、矿质结构　外观特征

田石的品种、评级及鉴定
49　一、石种命名
58　二、品级评定
60　三、真伪鉴别

田黄文化内涵
74　一、五行观念　蕴含石中
76　二、帝王宠爱　石帝“登基”
88　三、文人雅士　百般推崇
99　四、专家著述　品评田黄

田黄石的开发与市场
106　一、上下五百年　三度掀高潮
118　二、田石贵黄金　一路价飙升

田黄珍品赏析 142 一、观世音菩萨立像
144 二、达摩祖师一苇渡江
147 三、狮钮长方章
148 四、弥勒坐像
149 五、异兽钮方章
150 六、辟邪钮长方章
151 七、浮雕蟠螭钮长方章
153 八、素钮对章
154 九、卧兽钮长方章
155 十、薄意梅雀争春随形章
156 十一、薄意飞燕迎春对章
157 十二、鱼龙钮随形章
158 十三、薄意浮雕三件套
159 十四、薄意梅雀图随形章
160 十五、薄意松溪五老摆件
162 十六、薄意情满西厢摆件
164 十七、薄意渔翁得利方章
167 十八、薄意双燕迎春长方章
168 十九、微刻 · 朱彝尊《寿山石歌》

主要参考书目 170

编后记 172

弁　言

田黄又称“黄田”，本是寿山田坑中出产的一个品种名，指黄色的田石矿块。由于它的色质最具田坑特色，故人们习惯以“田黄”作为田石的统称。

田石，因产自福建福州寿山村中一处面积约一平方公里的溪田砂土层中而得名。石璞呈块状零散埋藏在约八公里长的溪畔深处，属寿山次生矿石，“无根而璞，无脉可寻”，资源稀缺，独具特色，是中国印石中最珍贵的瑰宝，向为金石鉴藏家梦寐以求的治印篆刻良材。清代初年，田黄石作为贡品进献宫廷，从而博得帝王专宠，被尊为“石中之王”。

《清乾隆·钦定四库全书》收录的一篇康熙年间著名学者毛奇龄所著《后观石录》中写道：“每得一田坑，辄转相传玩，顾视珍惜，虽盛势强力不能夺。石益鲜，价值益腾。”田石既为“宝”，其身价也自然随之节节攀升，逾金迈玉。从与黄金同价，到“易金三倍”，如今更成稀世奇珍。在拍卖场上，一块重量达百克以上，品相上乘，雕工精致的田黄冻石，动辄就拍到几百万元乃至上千万元。

数百年来，悉心研究田黄石的学者不乏其人，凡印学相关著述皆有涉及田石之内容。自毛奇龄首评“田坑”之后，近代郭柏苍《闽产录异》、陈亮伯《说印》以及民国期间龚纶、张俊勋和陈子奋的三部寿山石专著，都对田黄石知识进行了深入论述。近年更有数部田黄专论问世，虽观点相异，却各有其长，开启了田黄石学术探讨的可喜新局面。

笔者自二十世纪中叶从事寿山石文化理论研究工作至今，在海内外出版的十几部寿山石著作里，也都将田黄列为重要内容。期间曾多次跋山涉水深入产地勘探考察，每有所获。新世纪初始，着手编撰“寿山石文化丛书”，在荣宝斋出版社编辑的提议下，将《寿山石珍宝田黄》作为该系列丛书的一个组成部分，单独成书。十年间先后完成《寿山石鉴藏指南》《寿山石文玩钮饰》和《寿山石历史掌故》三书，唯《寿山石珍宝田黄》自感才疏识浅，迟迟未敢动笔。

为不辜负出版机构和广大读者的信任与厚望，又几度前往寿山调研，其中分别于2001年和2006年在当地政府和有关专业机构的支持配合下，两度组织专题考察团（组），带领技术人员到田黄溪进行实地考察探秘，用脚步丈量孕育“石帝”的每一寸土地。对田石与母矿的渊源关系、地质环境对田石二次生成的影响、田石外观特征形成的要素以及田石与周边寿山独石乃至各地掘性印石的品质异同等，这些学界长期以来存在争议的焦点问题，有了进一步的认识，也为撰写本书提供了论证依据。

《寿山石珍宝田黄》旨在从科学、文化的角度审视探索田黄宝石的产地概貌、矿质成因、品种鉴识及其蕴含的丰厚的中华传统文化内涵。全书分为：田黄溪人文景观，田黄的成因与矿质，田石的品种、评级及鉴定，田黄文化内涵，田黄石的开发与市场及田黄珍品赏析六个部分。文中某些观点或与诸家略有差异，仅为个人学习心得，意在抛砖引玉。

田黄所承载的博大精深的石文化，尚有诸多方面至今仍然没有被人们所揭示，例如：在寿山石田坑中，有一种与田石矿质截然不同的“牛蛋黄石”，它的母矿以及生成原因仍未得到合理解释。此外，对于田石的科学检测工作，目前还处于起步阶段。各地质科研机构的矿石取样大多来自提供者经过目测鉴定后而进行的矿物组成分析结论，况且各个检测单位所做出的结论亦不一致。故要制定权威、科学的田石矿质检测标准，还需要鉴藏界与科技界专家紧密协作进行大量的工作，方有成效。

鉴于笔者学识浅薄，书中错误疏漏之处在所难免，恳请大家指正赐教，不胜感激。

图001 田黄溪景点示意图

田黄溪人文景观

翻开寿山村地图，便可见到一条形如一把“如意”的溪涧，似玉带般环绕内、外洋，横贯村舍而流，名为“寿山溪”。它不但是这里村民的生命之水，也是孕育“石帝”田黄石的母亲之泉，神秘而传奇。

这条蜿蜒的长溪，分别发端于村中三个支流，最远处是源于村庄西北部的柳岭之麓贝叠，称“大洋支流”；另一支流始于村南外洋的坑头尖山与高山两峰交界的山坳，称“坑头支流”；第三支流出自高山西北麓，称“大段支流”。

“坑头支流”与“大段支流”在上坂溪管屋拱桥汇合后继续向北流至铁头岭下的“寿山庙”旁，汇入北来之“大洋溪”，水势渐大，曲折东流经芙蓉村入连江县境而出海。

寿山溪又名“田黄溪”，因出产“石帝”田黄而名闻天下，享有“田黄宝石溪”之誉。然而，并非整条溪流均有宝石蕴藏，真正出产田黄石的“田坑”范围，仅限于坑头支流至碓下结门潭这段长约八公里的沿岸水田深处，以及溪底砂土层中，面积仅为一平方公里上下，即指能够得到坑头水灌溉滋养的地域。而近在咫尺的“大段支流”和未与“坑头支流”汇合前的“大洋支流”以及结门潭之下游溪段，均不见田黄石踪迹。正如村老所言：“不汲坑头水，不出田黄石。”

“溪不在长，有宝则名”，短短田黄溪风光旖旎，景致秀美，故事传说，神秘传奇，历史上吸引了无数文人墨客、专家学者前来游览考察（图001见书首插页）。

坑头：两峰交界处　探源宝石溪

在寿山村外洋南面约两公里处，有三座并排而立的秀峰，自西南向东北分别为高山、坑头尖山和都成坑山，海拔高度均在八九百米上下。

据地质勘察，寿山的山脉由屏南、古田二县连绵百余里延伸至寿山村南境后，分成三支：一支沿西北行，有这里的最高峰——旗山（海拔1130米）以及村北的柳岭、黄巢山等。另一支由西南向东北行，即上述高山、坑头尖山和都成坑山。第三支则从都成坑山附近分支折向东南经芙蓉村入宦溪镇境，有峨眉山、加良山等。

田黄溪的源头便是出自上述第二支山脉的坑头尖山与高山两峰交界山坳的山泉。攀上崖岩可以寻见丝丝瘦水从石壁裂隙中涌出，潺潺而下，这便是宝石溪水之源，也是孕育田黄宝石之穴。

从这里北望，千仞旗山犹如一扇高耸挺立的屏障，守卫着这片沃土宝地。

旗山又名“麒麟山”，寓“麒麟献瑞”之意，自古有寿山石“祖山”之誉。相传，田黄龙脉由此而生，蜿蜒舞动，气势磅礴，伸至坑头、高山之间，脉止于水。龙脉之气因水而聚，又凭水而导行，负阴抱阳，王气益盛，蕴藏于土，尊为“石帝”。

一股清泉细水绵延至坑头之麓，绕过水坑古洞遗址旁的“石王亭”，运载“石帝”的征程就从这里起航。经上坂、中坂、下坂和碓下坂四个坂段直至结门潭，完成了它的神圣使命。（图002—图006）

上坂：最后两亩地　田黄保护区

顺着坑头而下沿溪约二三百米之地为上坂溪段，又称“溪坂”。此处水浅土薄，流经溪管屋后与高山大段溪流汇合于拱桥。就在此道旁溪畔有一块面积约两亩的田地，在20世纪80年代寿山掀起空前挖掘田黄石热潮的岁月里，整条田黄溪挖地三尺，翻田三遍，唯独这片肥田按兵不动，成了田坑中的一块绿洲，被称为“田黄石的最后圣地”。

人们不禁会问，当20世纪后期，全村出动掘田寻宝，大片良田遍布大坑小洼，千疮百孔，伤痕累累之时，何以会唯独保留下这么一块幸运的净土呢？

说来蹊跷，改革开放之初，农村实行生产责任制，农户们对这两亩地的分配一直存在

图002　寿山田黄溪畔肥沃的农田深处孕育着“石帝”田黄

图003　寿山外洋高山、坑头尖山和都成坑山（右起）三座主峰

图002

图003

图004　一股瘦水运载“石帝”由此起航

图005　田黄溪水绕过坑头“石王亭”缓缓向田坑进发

图006　“石王亭”胜景

图005

图006

纷争，并由此引发了在此处挖掘田黄石收益分配问题的矛盾。于是达成一个不成文的村规，即该处农田的承包者只准栽种农作物，不得擅自挖掘田黄宝石。就这样，年复一年，这里便成了未经动土的“田黄宝地”。

2000年4月，福州市人民政府颁发第18号政府令《关于福州市寿山石资源保护管理办法》，该文件于2002年经福建省人民代表大会第三十六次会议审定通过，并呈报省人大常委会批准，成为福建省地方性法规。

在这份《管理办法》的第七条（4）中，明确圈划寿山村“田黄一条溪”保护区，其范围定为：以上游三株琛树为起点，到拱桥为终点，沿溪两侧50米。从此，这两亩水田地便被列入法定的挖掘田黄石禁区，防止乱采滥挖，以造福子孙万代，这一禁令对于稀有宝石资源日趋匮乏的现状确实具有深远的意义。

如今，在保护区四周立起了标志栏杆，区内一片迎风摇曳的芦苇伴着一间小木屋，静静地守护着隐藏在地下的“石帝”宫廷，供朝圣者们顶礼膜拜。游人置身其中，宛若梦幻般去神游一番，踩着脚下的田黄宝藏，接受浓厚的石文化洗礼，别有一番韵趣。（图007—图011）

中坂：两棵风水树　沃土藏瑰宝

溪流进入中坂，地势平坦，水田肥沃，自清以降村民趁耕作之暇勤于掘田寻宝，偶有所获，视若瑾瑜。当年闽省官吏进献宫廷的“贡品”多出于此。鉴赏家们对中坂田黄石也倍加赞誉，龚纶《寿山石谱》称：“（田石）唯产于中坂田者，上上。”张俊勋《寿山石考》载：“（田石）品分上、中、下、碓下四坂，中坂最贵。质细而全透明，其令人夺目者，如隔河惊艳。”陈子奋《寿山印石小志》说：“中坂则质嫩而色浓，可为‘田石’之标准。”

图007　田黄溪水流入上坂坂段

图008　田黄溪上坂探究

图009　田黄溪上坂与大段支流汇合处“拱桥”

图010　被福建省政府列为法定“田黄保护区”的围栏

图011　在二亩方圆的禁采区内，一片迎风摇曳的芦苇静静地守护着地下“石帝”的宫廷

在中坂前沿有两棵参天神木——铁杉风水树，分立于溪水两旁，石桥流水，曲转而下，气势非凡。（图012—图014）

寺坪：五显公神坛　雨后拾断珉

寺坪位于中坂风水树西侧，旗山之麓，系千年古刹“广应院”遗址。

据南宋淳熙九年（1182年）《三山志》记载：“寿山广应院，稷下里，光启三年（887年）置，开山僧号妙觉。”至明洪武年间（1368—1398）寺毁于火，万历（1573—1619）初重建主殿，不久，在崇祯时（1628—1644）再毁，从此留下荒芜之地，故称“寺坪”。

如今，殿前石阶仍依稀可寻，废墟草丛中遗有一口长达三米的大石槽，正面铭刻“当山比丘广赞舍财造槽……”一段铭文，佐证了当年寺院的兴盛景象。

宋、明两代，时有文人墨客到此游览怀古，留下不朽诗篇。如宋大儒黄幹《寿山》诗中有“石为文多招斧凿，寺因野烧转荧煌”句，可知广应院早在宋时也曾遭焚烧过，惜未见文献记载。

明万历四十年壬子（1612年）夏，著名学者谢肇淛偕友徐兴公（徐𤊹）、陈汝翔（陈鸣鹤）同游寿山，并借宿广应院，在游记中详细描述所见云：“又十余里，始至然，畛隰污邪，茅茨湫杂，佛火无烟，鸡豚孳

图012　清澈溪水穿越中坂急流而下

息，都无兰若仿佛矣。老僧头颅不剪，须鬓如雪，自言浙人也，住持二十九年矣，然偷浊不修乃尔，救死之不瞻，而暇嗣宗风哉？山多美石，柔而易攻，间杂五色，盖珉属也。”同时赋《寿山寺》诗一首，云：“隔溪茅屋似村廛，门外三峰尚俨然。丈室有僧方辨寺，殿基无主尽成田。山空琢尽花纹石，像冷烧残宝篆烟。禾黍鸡豚秋满目，布金消息是何年。”（见《小草斋集》）

同游者徐𤊹、陈鸣鹤亦有《游寿山寺》诗作流传后世。

徐𤊹诗云：“宝界消沉不记春，禅灯无焰老僧贫。草侵故址抛残础，雨洗空山拾断珉。龙象尚存诸佛地，鸡豚偏得数家邻。万峰深处经行少，信宿来游有几人。”（见《闽都记》）

图013　田坑中坂段地势平坦，沃土埋藏田石向以质嫩色浓而著称

图014　两株参天神木——铁杉风水树，屹立中坂田坑前沿

陈鸣鹤诗云："香灯零落寺门低，施食台空杜宇啼。山殿旧基耕白水，阪田新黍啄黄鸡。千枚硞璞多藏玉，三日风烟半渡溪。康乐莫辞双屐倦，芙蓉只在九峰西。"（见《闽都记》）

后世村民在广应院故址上建造了一座小神坛，供五显神，名"五显庙"。

相传五显神乃东岳泰山神的五个儿子，俱为火神。也有说五神分别代表金、木、水、火、土。另据《三教搜神大全》载：唐光启年间有乡民在城北的一个园地里见红光烛天，五个神灵自天而降，于是建一座苇屋供奉，到了宋理宗时封五神王号，分别为：显聪昭应灵格广济王、显明昭烈灵护广佑王、显正昭顺灵卫广惠王、显直昭佑灵贶广泽王和显德昭利灵助广成王。众说纷纭，莫衷一是。

寿山"五显神庙"历史上几经兴废，到了20世纪末伴随着寿山石采掘热潮的掀起，香火再度兴盛，由旅美华人江元勇先生捐资重修庙宇，并立碑记。现供神像七尊。至于为何五神变七神，不得而知，有乡老说：增加两神或与寿山石有关。

寿山石农在采掘前必到庙中祀求许愿，若有所获则摆供品酬神，岁末村民还举行"补库"大典，热闹非常。久而久之，"五显公"遂成了寿山的保护神，加之田黄石"无根而璞，无脉可寻"，挖掘全凭运气，更增加了人们对神灵的崇敬，于是抽签者有之，祈梦者有之，络绎不绝，十分虔诚。（图015—图018）

2014年，寿山村民在"五显庙"南侧约50米处掏挖寺坪石时，偶然在地层近十米深处发现大量地砖、条石、瓦筒、原木等建筑材料和古代铜钱币、瓷片以及寿山石制品，疑为广应院遗存文物。

经专家现场考察：集中埋藏木材计数处，有些属建筑木柱和构件，多被火焚烧过，同时伴杂有瓦筒、瓦当等残片。部分木料则堆放有序，疑似存放库房里未经加工的原木，材质高档，直径约为40厘米，长度达数米。表层虽有火煅碳化的痕迹，但里层已经腐烂，貌

图015　寿山古刹广应院遗址残留石阶 20世纪80年代摄

图016　寺坪现存“五显庙”

图015

图016

图017　五显公神坛

图018　祭祀仪式

图017

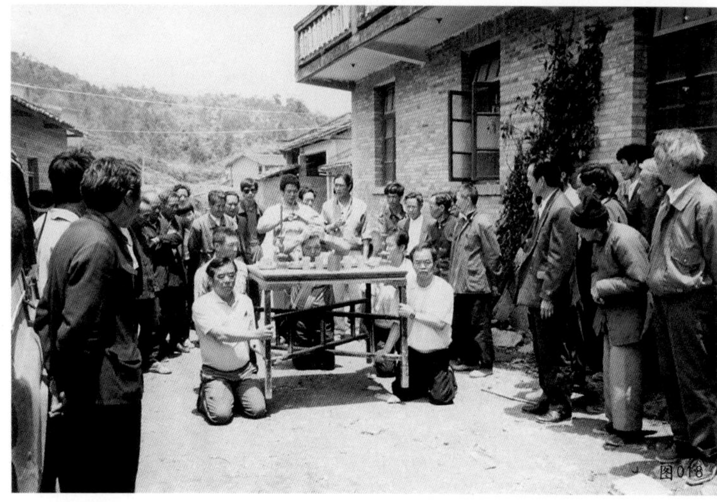

图018

似寺院存放的修葺备料。（图019—图021）

出土铜钱以景德元宝、皇宋通宝、元丰通宝、淳熙元宝和乾隆通宝居多。其中年代较早者当属铸于北宋真宗赵恒景德年间（1004—1007）的，距广应院创建仅仅百年，正值古刹香火鼎盛时期。（图022、图023）

散落各处的瓷器碎片，多为日用碗、杯及花瓶、花盆等。既有精致名贵的宋朝建窑兔毫盏，亦有青花乃至普通粗质盘碗等。其中有以“寿”字为装饰图案的细瓷，还有在底部用墨书写“寿山”两字的饭碗，估计是寺内僧侣专用的食具，对研究广应院佛事活动具有一定的学术价值。（图024—图028）

最吸引人们眼球的当属多件难得觅见的寿山寺坪石雕刻品。如制作精细的黄色冻石三

图019　寺坪埋藏木材现场（2014年发掘出土）

图020　瓦当

图021　瓦筒

图022　左起：淳熙元宝、淳熙元宝（1174—1189）、乾隆通宝（1736—1795）

图023　左：景德元宝（1004—1007）　右：皇宋通宝　2014年秋季出土

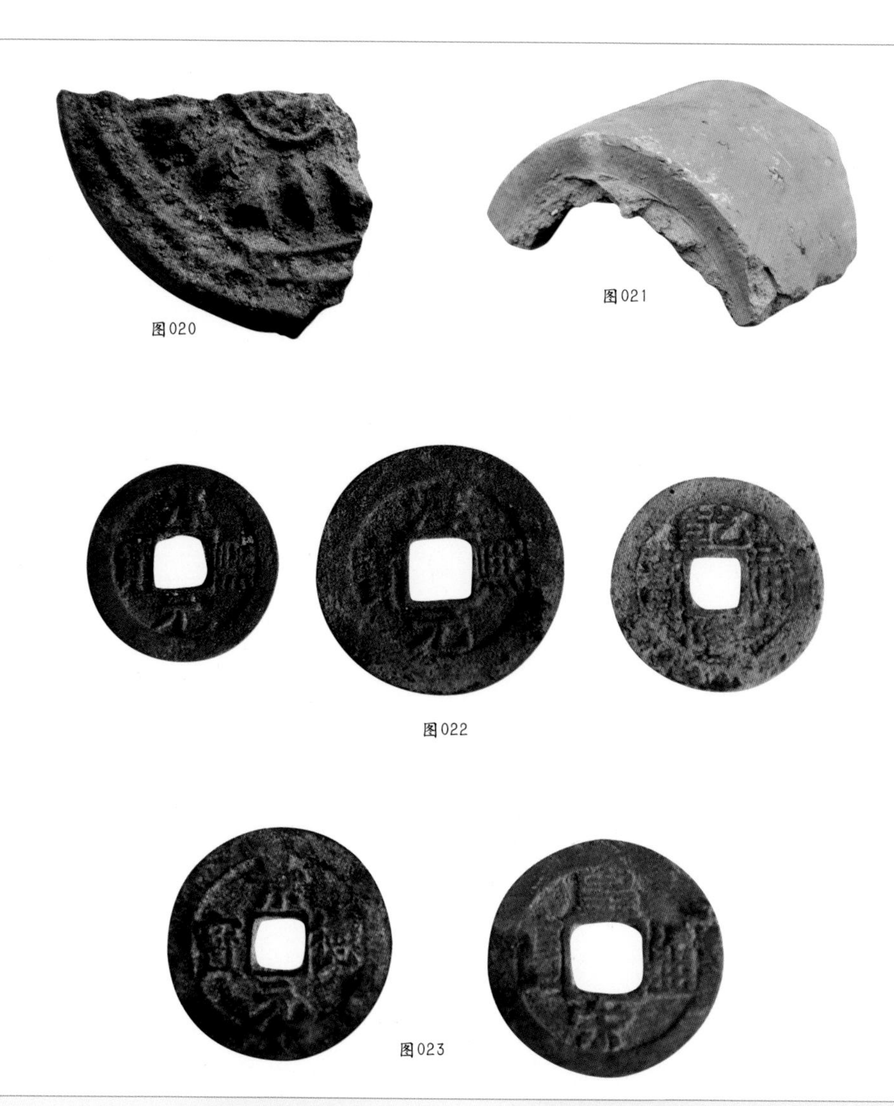

图020

图021

图022

图023

图024　宋建窑兔毫盏残片

图025　宋建窑兔毫盏残片

图026　刻“寿”字青花瓷残片

图027　碗底毛笔手书“寿山”两字瓷片

图028　青花“寿”字瓷碗残片

图024

图025

图027

图026

图028

孔佛珠、造型规整的红色石环饰品。另有一件长6厘米、厚2厘米，头部断缺的人物卧像，从着装分析不似佛像，倒像酒仙李太白。这些在古寺址挖掘的石雕艺术品，为寿山石雕史增添了宝贵的实物佐证。（图029—图033）

下坂：建寿山石馆　辟田黄公园

田黄溪转过铁头岭下的寿山古庙，收纳自北而来的大洋溪水，涌入空旷平坦、豁然开朗的下坂地段。中国寿山石馆与狮头岗分立溪畔左右，中隔宽广的田黄公园。

中国寿山石馆依山傍水，是20世纪末在省、市和区各级人民政府的重视下，列为“寿

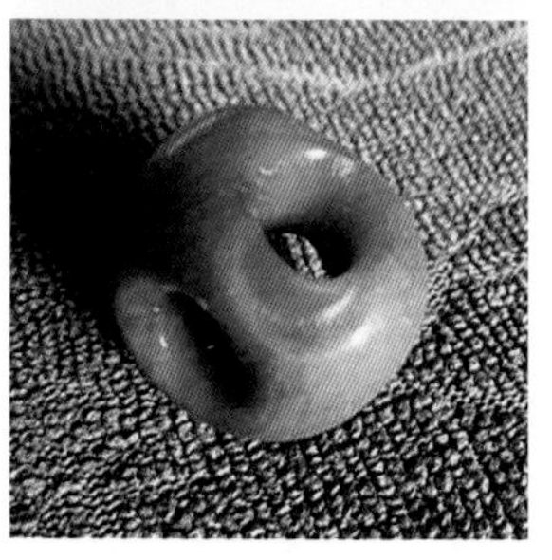

图029　佛珠发掘地

图030　“三孔佛珠”　2014年10月寺坪出土

图031　石环挖掘地

图032　红色寿山石环

图033　寿山石雕侧卧人物像 头部断缺 2014年10月寺坪出土

图031

图032

图033

山石文化”重点建设项目而兴建的。2000年8月22日，时任福建省省长的习近平同志来到寿山调研时指示：“近期重点抓好寿山石馆规划建设，建筑风格注意体现地方特色，与周围景观协调一致。”

2001年秋，这座占地12亩，建筑面积3200平方米，立体构架三层，古色古香、典雅大方，富有江南特色的“中国寿山石馆”落成开馆。红色屋顶、马鞍白墙与周边自然地貌、山峰、林海交相辉映，在群山掩映之下，万绿丛中一点红，分外耀眼夺目，成为田黄溪上一座标志性的堂馆建筑物。（图034）

图034　坐落于下坂溪畔的中国寿山石馆

寿山石馆主楼设寿山石文化历史、寿山原石品种和寿山石雕精品三个展厅，全方位展示博大精深的寿山石文化。同时集展览、科研和接待多种功能于一体，不但给田黄宝石溪增添了一份亮丽的姿彩，更为海内外藏家石迷们提供了一处朝圣“石帝”的殿堂。

馆前四十多亩的田地现已开辟为田园式的“田黄公园”。奇花异草，秀峰曲水，与馆堂融为一体，是四方来客休闲、游览的好去处。（图035）

馆侧还有一条长达两公里的商贸古街，五十多间仿古民居错落有致立于路侧，店铺作坊鳞次栉比，专营石农采集的各类寿山珍石，货真价廉令玩家石友流连忘返。尚有多家山

图035　田黄公园

庄风味食肆，土鸡、土鸭、竹笋、荄菜、千里香、番茄烧应有尽有。（图036）

在下坂右侧有座平地突起的奇峰名狮头岗，形如狮首，大鼻、圆眼，突额卷毛，山腰有一洞穴状如咧开的狮嘴，洞口碎石嶙峋如齿，森森向人。此为古代村民采石遗留矿洞，曾出产寿山名品“狮头岗石”，其中有含美纹者称“花坑石”，颇奇特，如今脉尽洞废遂成一景。（图037）

游人穿越田黄公园拾阶而上，绕过悬崖陡壁登临峰顶，有座古雅秀丽的“观景亭”凌空而立。在这里举目四望，高山、坑头、都成坑、马头岗、月尾山、善伯洞……寿山石三坑矿洞尽收眼底。坑头、大段、大洋三溪翠水横流而过。沿岸田畴交错，竹林成荫，风光旖旎，美不胜收。（图038）

图036　寿山村街石肆鳞次栉比

图037　铁头岭奇峰“狮头岗”

碓下：自然风光秀　大小布漈奇

过了中国寿山石馆，溪畔有块巨岩顶部托着奇形石，侧视像只乌龟伸头仰爬，憨态可掬，耐人寻味。正面观看，上下连体又似一尊坐佛，故有“龟佛石”之称。此景位于下坂与碓下坂交界处，田黄溪水流到这里出现数米高的落差，古时村民借天然水力建磨房用于臼米，谓之“米碓”。现今磨房已废，蓄水成湖，绿水莹莹，微波荡漾，奇峰倒影，相映成趣。（图039、图040）

碓下坂峡谷深幽，峻峰环罗，古木葱茏，藤蔓盘绕，溪水急湍，奔泻而下。沿溪至结门潭约有四五公里山道，径路迂回，途中有龙床、龙井、龙潭、大布漈、小布漈以及白沙

图038　田黄溪下坂“神象喷泉”风光

图039　龟佛石

图040　田黄溪碓下坂小景

滩等景点，引人入胜。

“龙床”是一块挡在溪流中间宽广平坦如床的巨岩，清水顺着石面淌过，清澈见底，相传上古有苍龙在此栖息故而得名。左右有龙井、龙潭，深不可测。

再向前行地势逶迤起伏，拱托一秀峰名“回龙岗”，传为苍龙升天之时，因眷念寿山美景绕峰盘翔时留下石脉称“回龙岗石”，质细而雅洁，色多明黄间紫，肌理隐黄色纹络，属寿山名品。附近溪畔近世亦出田石，名“九友田”，颇负盛名。（图041—图044）

“大小布漈”为碓下坂的两处瀑布奇观。大者称“大布漈”，银练当空挂，蔚为壮观，身处其景有“银河落九天”之叹。往下不远，又有“小布漈”，虽规模气势不如大布漈澎湃，但水面开阔，宛如孔雀开屏，别饶情调。（图045、图046）

图041　碓下坂“龙床”（2001年摄）

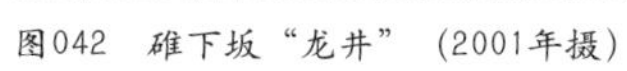

图042　碓下坂“龙井”（2001年摄）

图043　碓下坂“龙潭”（2001年摄）

图044　碓下坂九友田石产地（2001年摄）

图045　碓下坂“大布漈”景色

结门潭：潭水深莫测　田黄终结处

自小布溹下行，峭壁耸立，草丛繁密，无路可通，行者唯有攀爬危崖陡壁艰难而进。约里许现一片水滩，平坦如镜，白沙碧水，微波荡漾，名谓“白沙滩”。据石农介绍，滩旁土层亦有田黄石藏身，多裹白色皮，近年寻宝者甚众，现已难觅见。

过了白沙滩便到达田黄石产地的终结处——结门潭。

立于结门潭崖顶，两侧绝壁嶙峋，危岩间透出一线亮光，从石隙往下看，潭窄坑深。据村民介绍，少说也有七八十米，乃至上百米潭水。难怪石帝田黄历此长溪颠簸跋涉，到此戛然而止，断绝踪迹。即使有宝石冲潭而下，恐怕也落得粉身碎骨的下场，观者只能望潭兴叹一番。（图047、图048）

图046　碓下坂“小布溹”

图047　结门潭前“白沙滩”（白沙碧水平坦如镜，这里以出产白皮田石而著称）

图048　田黄溪“结门潭”

田黄的成因与矿质

一、古老传说　美妙神奇

对于“无根而璞，无脉可寻”的田黄石的生成原因自古以来一直是个难解的谜。坊间世代流传不同版本的神话故事，更为宝石增添了不少神秘的色彩，略举三则：

女娲遗石藏寿山

相传，女娲氏炼五色石嵌补苍天之后，遨游天下名山大川，一日来到寿山，被这里秀丽的风光和勤劳的子民所感动，乘兴在山水之间，翩翩起舞。伴着她那婀娜的舞姿，腰间佩戴的五彩灵石化为朵朵鲜花迎风飘扬，散在田野峰峦中。顷刻间奇迹出现，有几朵落到清澈的泉涧中的黄花顺水而流，变成颗颗黄澄澄、金灿灿的宝石秘藏于溪畔水田深土之中，它便是名闻遐迩的“石帝”田黄石。其他彩花也点化群山顽石化成五彩斑斓的寿山彩石。

这位伟大的人类母亲将这份瑰宝赐予寿山百姓，让贫瘠的山村变成富饶之乡，人长寿，福满堂，从此便有了“寿山”之名。至今寿山仍留有蛇匏峰、坑头石等与女娲氏有关的神话遗迹。历代文人笔记、诗赋中也不乏“女娲补天遗天脂”的说法。

清顺治年间安徽宣城画家、诗人梅瞿山《寿山印石歌》中有“迩来寿山更奇绝，辉如美玉分五色。将母炼石女娲归，补天滴沥遗天脂”等句。（见《天延阁集》）

乾隆朝诗人张伯谟《寿山石歌》赞田黄云：“黄中通理独居正，其神渊穆其质殊。疑自娲皇煅炼后，尚余英华阏灵数。”（见郑杰《国朝全闽诗录初集》）

清咸丰时，闽省诗人杨浚《寿山石》诗中亦吟道：“胡为补天才，流落风尘手。弃取殊不情，我欲诘娲后。”（见《冠悔堂诗钞》）

张潮在《昭代丛书·后观石录题辞》一文中也说："昔女娲氏之时，天柱折，地维裂，遂炼五色石以补天，则石之有五色，殆亦造化之所储以待用。而今者，天清地宁，石无所需，故不复自秘，听其流通于世欤。"（图049）

凤凰神卵生田黄

另有传说远古时代有一对凤凰神鸟在寿山落足，遭到妖魔铁头金毛狮的袭击，遍体鳞伤，奄奄一息。当此危难之际，善良的山民们冒着生命危险为它们疗伤，让凤凰很快得以康复，重新长出了美丽的丰羽。为了报答寿山人的恩情，神鸟在田间产下颗颗卵蛋之后腾空而起，飞向九天。

这里的父老乡亲们为着不让神蛋落入魔爪，偷偷地将它深埋在溪畔田泥中。不知又过了多少光阴岁月，大蛋生小蛋，小蛋长大蛋，生生不息，繁衍不绝，进而化成稀世珍宝田黄石。

清乾隆诗人、书画家郑洛英诗赞："寿山五色鸟，人云是凤凰。一见遂飞去，天云高茫茫。其下产石子，滑润凝脂肪。"（见郑洛英《耻虚斋诗钞》）（图050）

仙人点化土变宝

还有一个民间故事，讲的是明朝崇祯年间，福州遭受百年不遇的干旱，地处深山僻岭之中的寿山，更是田地龟裂，颗粒无收。

一天清晨，村中有位名叫旺旺的石农起了个大早，扛把锄头出门上山，想采些野菜给妻儿们充饥，再顺便到矿洞碰碰运气，想挖几块寿山石换点银两买盐巴。可是，他在高山上攀爬了大半天却一无所获，忽觉双脚酸软，眼冒金光，便倚着大树昏昏入睡。

蒙眬之中遇仙人密授天机，告诉他："村口旗山主峰生龙脉直冲坑头，止于水。气

图049　女娲遗石藏寿山 丁梅卿绘

聚结为宝石，顺水而行，负阴抱阳，王气益盛，化土为宝，深藏田中，贵尊‘石帝’云云。”

次日旺旺按照神仙的指点，带领儿子在中坂风水树侧挖田三天，终于觅得一颗田黄石卖得万金，一夜之间旺旺成了寿山名符其实“财旺丁旺”的大富人家。

清康熙年间浙江海宁名士查慎行赋《寿山田石砚屏歌》一首，吟道：“吾闻阳精之纯韫为璞，白者曰璧黄者琮。兼斯二美乃在石，天遣瑰宝生闽中。寿山山前石户农，力田世世兼养蜂。采花酿蜜自何代，金浆玉髓相交融。深埋土内久成骨，亦如虎魄结自千年松。想当欲出未出时，其气贯斗如烟虹。地示爱宝惜不得，飞上君家几砚为屏风。”（见《炎天冰雪集》）

图050　凤凰神卵生田黄 丁梅卿绘

图051　仙人点化土变宝　丁梅卿绘

晚清学者郭柏苍《闽产录异》说："寿山石以'田石'第一品，产于山田，无根而璞，地气挟土力所结者，故隆寒不泐，耕者偶得之。"也认为田黄乃吸取天地山川之精华而结。（图051）

二、科学探究　揭开面纱

种种神话传说都反映出古人对田黄石的身世赋予的丰富想象力。欲知田黄宝石的前世今生，还得从科学研究入手，由寿山的地质结构和它的母体原生矿生成说起。

地质勘查表明，约在距今一亿四千万年前的晚侏罗世—早白垩世地质时代里，福建沿海曾出现过一次重大的地质变迁，地壳中大量岩浆喷出地表。位处寿山—峨眉火山喷发盆地周围的数十平方公里区域内，出现旗山、黄巢山及剃刀山等多个火山口。

在火山喷发的间隙期和后期，由于火山体内矿物质与地下水等混合形成的大量热液沿着断层上升，在其循环过程中不断与围岩中矿物进行交代和分解，将钾、纳、钙、镁及铁等元素淋失，留下的铝、硅元素在一定物理条件下与围岩交融凝结形成以叶蜡石、地开石和高岭石为主要矿物成分的寿山石矿藏，呈层状、脉状或块状赋存于火山岩地层中。

到了约数百万年前的第三纪末期，因受地层变化的影响，寿山坑头和高山矿脉中的部分优质矿石被风化、瓦解，从矿床离析形成块状独石。这些原生矿石又在风雨等外力的作用下，随山泉落入坑头溪涧中。历经流水冲荡、运送，缓慢迁徙，石璞的棱角逐渐被磨圆，形成表面光滑的卵形独石，零散沉积在溪畔的基础层上，积年累月逐步被砂土冲积层所覆盖，从此深深地埋藏于一二米深的田泥或砂砾层中，形成了田黄石的原坯。

田黄石自原生母矿分离以后，在特殊的环境之中，经受含铁质的酸性土壤、溪水浸泡、包围，在温度、湿度等诸多因素的作用下，日久月深，铁、锑等氧化物不断对田石进行渲染充填，导致石形、质地和颜色产生微妙的变化，与母矿比较，倍加温润细腻，焕发出异光宝色。同时，这类次生矿石犹如凤毛麟角，可遇不可求，材硕质纯色正者更加罕见，故弥足珍贵。

三、矿质结构　外观特征

田黄石的矿质构成

寿山石被人们发现并用作雕刻艺术品材料，已具上千年的悠久历史，然而对其矿物成分的科研工作仅仅在近百年前才开始。

1848年，德国科学家温慕斯德（Walmstodt）曾对中国印章石矿质进行研究，将其概分为笔蜡石、绿霞石和块滑石三种。1858年，美国学者蒲鲁士（Brush）也对寿山、青田两地雕刻工艺用石材做过化学检测分析，得出均为“蜡石”的结论。

民国时期，我国科技工作者，如章鸿钊、梁津、叶良辅、李璜、张更三以及李学清等人，也从岩石学和地质学角度对寿山石深入探究。特别值得一提的是近代我国地质科学创始人、卓越的地质大师章鸿钊先生于1921年出版的《石雅》，在这部玉石类专著中专列“寿山石”一节，细致入微地介绍其产地、名品和质色特征，并通过科学检测的方法，对矿物组成进行深入分析，为解开寿山石生成与矿质之谜做出了重大的贡献。遗憾的是文中尚未涉及对田黄石矿质结构的科学检测结果。

矿物学界对于田黄石及其母矿的专项研究工作，还只是近30年才刚刚起步。

图052　1987年首届“中国田黄石学术研讨会”在福州召开

1987年11月1日至4日，由中国地质科学院科教开发总公司等机构联合举办的首届“中国田黄石学术研讨会”在福州召开，海内外专家学者数十人应邀参加，会上宣读有关田黄宝石生成、分类、鉴定及其人文价值等内容的论文多篇。中国地质博物馆李景芝、赵松龄发表《关于寿山乡高山石的初步研究》，针对历史上许多文献中将叶蜡石与寿山石等同起来的观点提出异议。通过对田黄石母矿“高山石”样品进行检测，得出“其主要矿物是地开石，其次是石英、高岭石”的结论。

在这次研讨会上，国家地矿部矿床地质研究所副研究员王宗良对田黄石矿物组成及其独特的色彩肌理形成等问题进行探究，并通过X射线衍射（XRD）、红外吸收光谱（IR）、透视电子显微术（TEM）和X射线能谱（EDS）等方法进行科学分析后，提出新观点：

经X射线衍射结果表明，送检田石样品系由纯净的、典型的$2M_1$地开石组成。实测谱与参考谱完全吻合，未发现其他杂质反射峰，地开石的特征标识峰异常清晰。X射线衍射的这一结果，也被红外吸收光谱所证实。同时，通过透视电子显微术和X射线能谱，还发现田石中含极少的辉锑矿。（图052）

由此，王宗良的结论是：1．寿山田黄石的主要矿物组分为$2M_1$型地开石。2．样品中的Sb（锑）、Fe（铁）杂质是田黄石赋色的主要原因，地开石和辉锑矿原共生于低温热液矿床，而后辉锑矿在长期表生作用下，很容易转化为锑的氧化物（锑华等）。这些锑的氧化物在地下水的作用下，对地开石浸润，使地开石集合体染色。从TEM和EDS分析发现田黄石中有极微量的辉锑矿，即可说明这种物质来源。此外在表生作用下，Fe（铁）也对地开石浸润，使其染色。可以推断：田黄石的黄色来源于Sb、Fe杂质的染色作用。

1994年12月，福建省地质科学研究所对田黄石标本薄片作显微镜检测后称：为显微鳞片变晶结构。原岩遭受强烈蚀变作用，原岩的成分、结构全部消失，岩石由新的变晶矿物叶蜡石、地开石、高岭石组成。地开石呈花瓣状鳞片集合体，粒径0.005～0.03毫米。……地开石、高岭石结晶程度差，呈隐晶状，呈小团块状聚集分布。

岩石中见几条显微裂纹，氧化铁沿裂纹渗透、污染。另见几颗褐铁矿小团块零散分布。（图053—图055）

另据地质矿产部矿床地质研究所对田黄石IR吸收谱及XRD谱测试表明：田黄石是一种以地开石为主要成分同时伴生有其他微量矿物质的块状次生矿石。（图056、图057）

经化学全分析，田黄石主要成分为：二氧化硅（SiO_2）含量为46.27%；三氧化二铝（Al_2O_3）含量为36.69%。此两项含量与寿山水坑冻石、高山冻石十分接近。而其他微量成分如三氧化二铁（Fe_2O_3）约为0.72%，则明显高于寿山其他石种，与红色高山石相若，

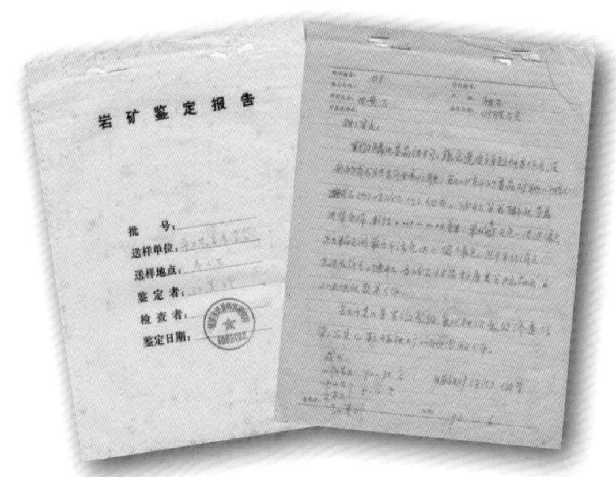
岩矿鉴定报告

批号：
送样单位：
送样地点：
鉴定者：
检查者：
鉴定日期：

图053　福建省地质科学研究所《岩矿鉴定报告》（田黄石）

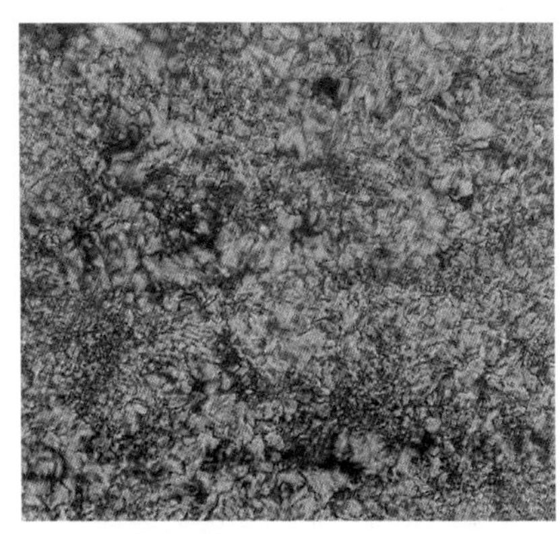
图054　田黄石显微鳞片变晶结构图像（正交偏光下，放大1000倍）

图055　氧化铁沿田黄石裂纹填充渗透图像（单偏光下，放大400倍）

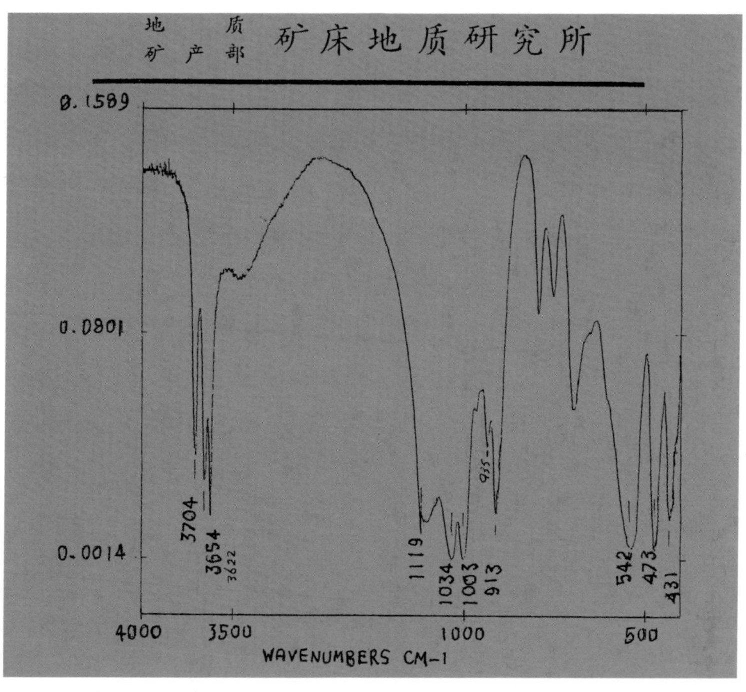

图056　田黄石IR吸收谱（见1987年首届“中国田黄石学术研讨会”王宗良论文）

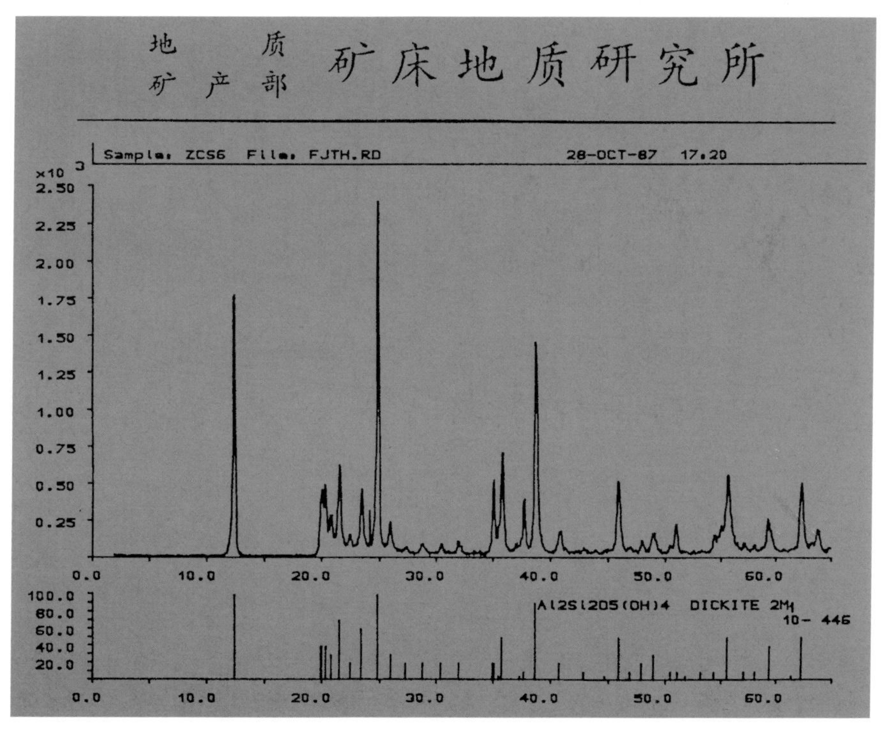

图057　田黄石XRD谱（附地开石参考谱）（见1987年首届“中国田黄石学术研讨会”王宗良论文）

且矿石颜色的深浅与铁的含量高低也有一定关系。

对于田石矿质的科研工作，目前尚处在初始阶段，多由不同地质部门对送检单位提供的田黄样品进行检测，而所做出的矿物成分、化学成分乃至比重、硬度、分子式等数据也不尽相同。故欲制定科学的田石矿质构成统一标准，还需在政府质检部门牵头组织下做大量的工作，从而形成权威的结论。

田黄石的外观特征

田石作为寿山石次生矿中的一个珍贵品种，虽然脱胎于坑头、高山矿脉，且矿物成分亦与母矿大致相同，然而在特殊的埋藏环境和外部条件影响之下，它逐渐改变了原来的形态和质色，形成独特的外观特征。归纳起来主要表现在石形、石质、石色、石皮以及纹理、格璺等六个方面，兹简要分述如下：

石　形——新出土的田黄石璞形态大都呈卵石状，没有明显的棱角，入手把玩，富有滑润感。这是因为矿块自脱离母体以后，在漫长的滚动迁徙过程中，经受溪水不断研磨冲刷所造成的结果。古代田黄印章常常切割成方形，且目下市场所见田黄石雕艺术品，其原石形态也会受到不同程度的损伤，故不能一概而论。（图058、图059）

石　质——田石的质地较之洞产寿山石倍加温柔滋润。出土原石表层光滑脂嫩，手感极佳，经过打磨、抛光，石面会显出闪烁灵异的光彩，华光流映，令人赏心悦目。且石性稳定，不需要长期泡油保养，最宜掌上抚玩摩挲，既能护石，又可怡情养性。

田黄石质的通灵度多为微透明至半透明，但不可能通透到晶莹剔透无障碍的程度，故无“田黄晶石”一说，这也正与文人雅士重“冻”而轻“晶”的传统审美观念相吻合。正如郭柏苍在《闽产录异》一书中所谓：“需玩‘冻’字，方知抉择。”（图060、图061）

石　色——田黄本指纯黄色的“田石”，然而民间通常用以作为田石的统称。这是因

图058　田黄石璞多呈卵石状

图059　古代田黄石制成方形印材，石璞皮层常被削除

图060　田黄石璞质地温柔滋润

图061　经过雕刻磨光的田黄冻石制品，华光流映，令人心荡

为田石中尽管有黄、白、红、黑几种色相，但是无论何种颜色的田石都蕴含着内敛沉稳的黄色基调，只不过黄中泛白，或偏橘红、乌黑而已。龚纶在《寿山石谱》中十分形象地形容“（黑田）如以墨水涂秋梨上，于黑中微带黄色焉。（白田）亦非纯白，色如市上所卖荸荠糕”。

田石在再生过程中，色泽通常会产生表浓而向内渐淡乃至化白的变化。而且不同朝向的石面也会出现向背差别，俗称“阴阳面”。但是不会像洞产矿石那样有多种颜色交错混杂的“巧色”产生。（图062、图063）

石　皮——田石一般外表都裹有一层色皮，或厚或薄，或全裹，或呈稀疏挂皮。其色泽有黄色、黑色或乳白色的单色皮，偶尔也会出现数色交错、纹理变幻的多色皮，美其名

图062　田石色彩内敛沉稳，以黄色为基调

图063　田黄石的色泽，会出现由表及里逐渐淡化的现象

谓“多色皮田石”，甚为奇特。

田黄石皮的产生是由于埋藏土层年久，周围田泥、溪水中的化学元素在一定的温度、湿度条件下，浸入肤理，改变表层石质所形成。

也有部分田黄石由于石皮薄且不明显，在雕琢、揩光加工过程中容易被削除，以致人们对它的身份产生怀疑，民间有“无皮不成田”的说法。尽管如此，高明的鉴定家还是会对石材进行细心观察，在暴露的石表上去寻找残留的石皮细微痕迹。有经验的艺人在创作雕刻田黄作品时，也会注意适当保留部分石皮不受破坏。（图064、图065）

纹　理——凡透明度较强的田黄石，在强烈的光线下观察，它的肌理通常会显露条条纤细而致密的网状纹理，隐隐约约，排列有序，貌似刚挖出来的白萝卜纤维纹，故称“萝

图064　长眉罗汉薄意雕 黄皮田黄石

图065　黑皮田黄石

卜纹”，也有文章写作“芦菔花纹”。

所谓“萝卜纹”乃观者透过皮层细察肌理结构的一种隐若体味，其形态有别于水坑、山坑冻石的棉花絮状纹理和条状杂质。硬田之类质地欠通灵的田石，则很难用肉眼见到萝卜纹理。（图066）

格　璺——“璺者，器破而未离也。”“格璺”不是一般所见到的寿山石瑕疵裂痕，而是专指田黄石在顺溪滚动过程中，受到冲击、碰撞或阳光曝晒导致石表产生的细若毫发的格纹。其状与坑洞矿脉由于受震、水浸所产生的裂痕不同，纤细而浅薄。田石之表，偶现微璺，只需时常置于掌中抚玩，日久自能弥合。

最为奇特的是，有一种“格璺”由于在埋藏田土层中长期受到周围含铁的氧化物渗

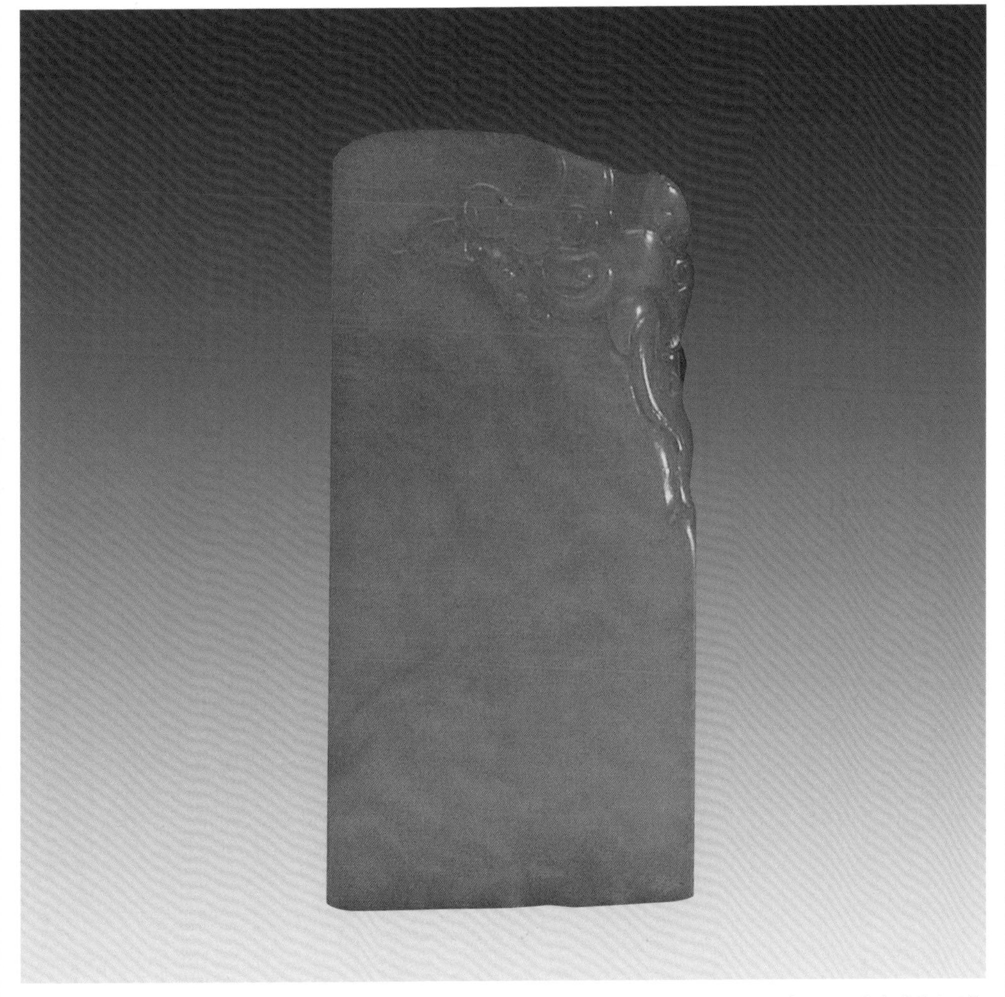

图066　田黄石肌理隐含“萝卜纹”

透、充填，形成鲜红色纹理，红如血，细如丝，故被鉴赏家冠以“红筋”“血丝”等雅号，成了田黄石一项独有的表征。

格璺既是田石的一个特征，但格纹过多毕竟在一定程度上会影响宝石的品质。坊间流传有“无格不成田”的谚语，是形容田石在二次生成过程中难免会受到不同程度的损伤，然而不能将其绝对化。（图067、图068）

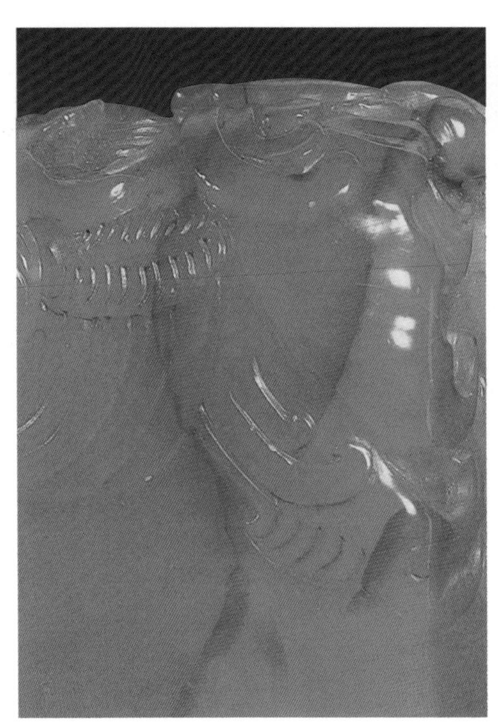

图067　田黄石“红筋”“格璺”（局部放大图）

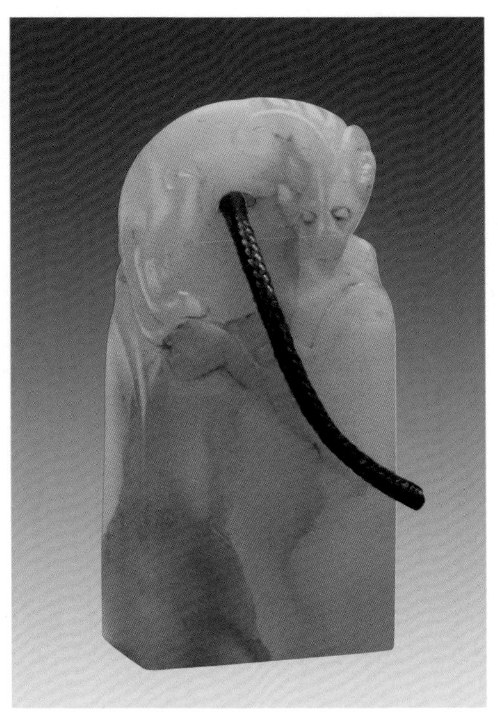

图068　质地通灵的白田冻石，“血丝”更加显露

田石的品种、评级及鉴定

一、石种命名

田石是寿山田坑石中最具代表性也最负盛名的品类，不同坂段出产的田石固然各具特色，但不能作为分定品种的依据。对于石种的命名称谓主要按照每一块矿石的色相而分定，同时辅以石质、特征和产地。主要有田黄石、白田石、红田石、黑田石、乌鸦皮田石、硬田石、搁溜田石、溪管田石以及寺坪田石等品目。

田黄石

田黄石又称“黄田”，是田石中最常见的品种，占田石总挖掘量的百分之九十以上。正因为如此，人们习惯将“田石”统称为“田黄石”，以致出现两个名称混淆不清的现象。其实，田黄石仅是田石中的一种，即专指黄色的田石矿块。

在明末清初田黄石崭露头角之时，京城石市商贾往往以谐音将“田黄”写成天黄、填黄，甚至称作“滇黄”，有些文章竟将田黄石的产地误写为云南省。至近代随着田黄石广为藏家所认识并珍重，这些名称才逐渐不见流传。

田黄石的表皮多具不透明或微透明色层，亦有呈黑色、白色的石皮。肌理玲珑澄澈，萝卜纹纤细而稠密，条理清晰，层次分明。

田黄石又按矿块的色相近似物分别取名，品目繁复，例如：黄金黄、鸡油黄、橘皮黄、枇杷黄、桂花黄、熟栗黄、杏花黄、肥皂黄、糖粿黄以及桐油黄，等等。

在诸多田黄石品目中，以枇杷黄色为最正，堪称田黄之标准色；黄金黄色嫩质灵，在强光下金光耀眼，倍显高贵；鸡油黄脂嫩透明，亦属稀品；桐油黄又叫“桐油地”，顾名思义可知如桐油，色黯质粗，列为田黄之下品。

田黄石中，有时会发现外表包裹一层白色皮的矿块，别其名叫“银裹金田石”。

银裹金田石俗称“银包金”，是一种色彩十分奇特的田黄石。外裹白皮而肌理则为纯黄，黄、白两色分界明显，酷似卵蛋之蛋白与蛋黄，被鉴藏家称为“妙品”。其质以皮层均匀洁净、萝卜纹细密者为贵，若不能全裹则略逊。如果田黄石表仅挂稀疏白色皮者，则不能列入此品。

凡质地通灵的田黄石，可在品名中冠以“冻”字，以显示贵重，例如：田黄冻石、枇杷黄田黄冻石等。（图069—图073）

白田石

白田石又称“田白”，是指白色的田石矿块。其色泽并非纯白，大多白中略带微黄或如蛋壳泛青，红筋明显。

白田石又按矿块的色相近似物分别取名，如：羊脂白、象牙白和蛋清白等。

图069“田黄石”是田石中最常见的品种，故人们将它作为田石的统称

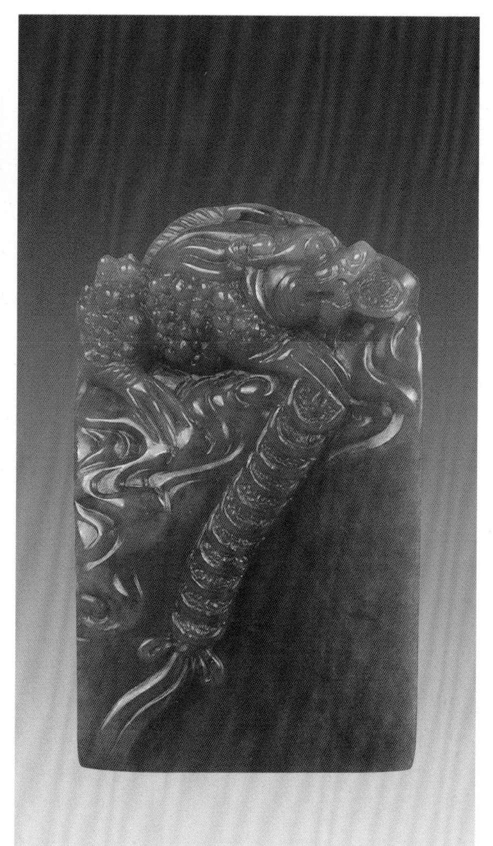

图070　金蟾叼钱钮日字章 田黄冻石

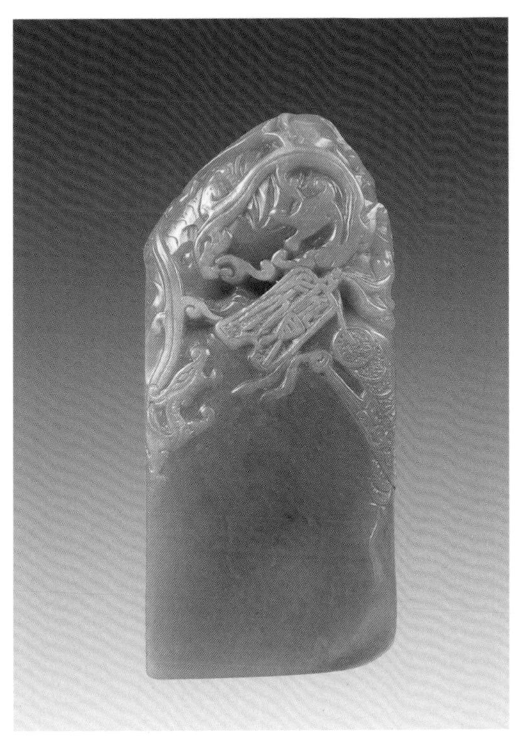

图071　神兽献钱浮雕长方章　黄皮田黄石

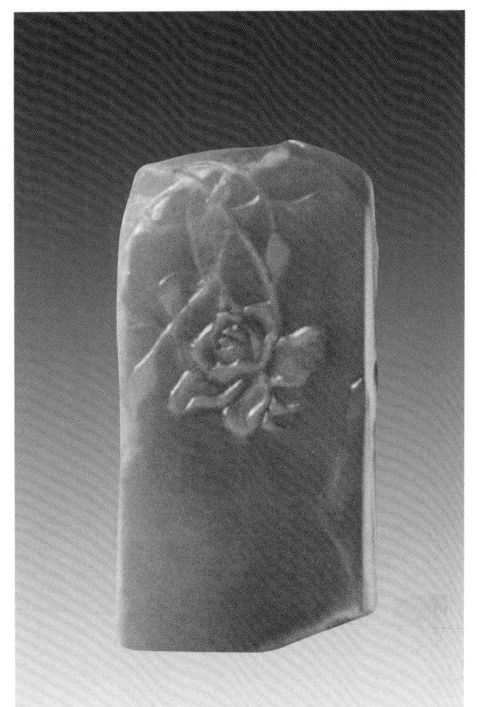

图072　月季薄意方章　白皮田黄冻石

图073　神龙戏珠浮雕　银裹金田黄石（含乌鸦皮）

在多种白田石品目中，以羊脂白为上品，质脂润，肌理萝卜纹明显而绵密，红筋、格璺浓如血缕。

白田石中，有时会发现外表包裹一层黄色皮的矿块，别其名叫“金裹银田石”，十分稀罕。

金裹银田石俗称“金包银”，外裹黄色皮而肌理则为纯白色，恰与“银裹金田石”相反。色层分明，黄白相映，别饶韵趣。唯往往黄色皮层稀薄，难求均匀。若白田石表仅局部泛黄色，或挂稀疏黄色皮者，则不能列入此品。

凡质地通灵的白田石，可在品名中冠以“冻”字，以显示贵重，如：白田冻石、羊脂白田冻石等。纯净者貌似坑头水晶冻石。（图074、图075）

红田石

红田石是指红色的田石矿块，有天然形成和煨煅变色之分。

天然红田石又称“橘皮红田石”，因色如福橘之皮而得名，色彩鲜艳明亮，属田石珍贵品种。又按每一块矿石的色相近似物分别取名，如：蜡烛红、熟柿红等，质洁色纯者更难觅见，尤以稀有而见珍。龚纶《寿山石谱》称：“（田石）红者殆绝无仅有，数十年不一见。”

凡质地通灵的红田石，可在品名中冠以“冻”字，以显示贵重，如：红田冻石、橘皮红田冻石等。

另有一种经过煨煅而成红色的田石称“煨红田石”，究其形成原因有二：一种是埋藏于田泥中的田石，受到农耕焚草积肥等高温熏烤煨煅之后，石质渐起化学变化，令外表呈现红色层；另一种则是经过人工处理，将田黄石置于火中烧煅，促使石色由黄转红。

凡“煨红田石”，大多红色仅限于石表，肌理依旧保持原色。虽浓艳却欠温润，且石经火炙局部会出现黝暗的煅烧痕迹，质地也变得脆硬，裂纹增多且呈黑色，其品质远不及天然之“红田石”，两者不能同日而语。（图076、图077）

图074　竹林七贤薄意雕 白田石

图075　节节高浮雕 白田冻石

图076　踏雪寻梅薄意雕 红田石

图077　五福临门薄意雕 红田冻石

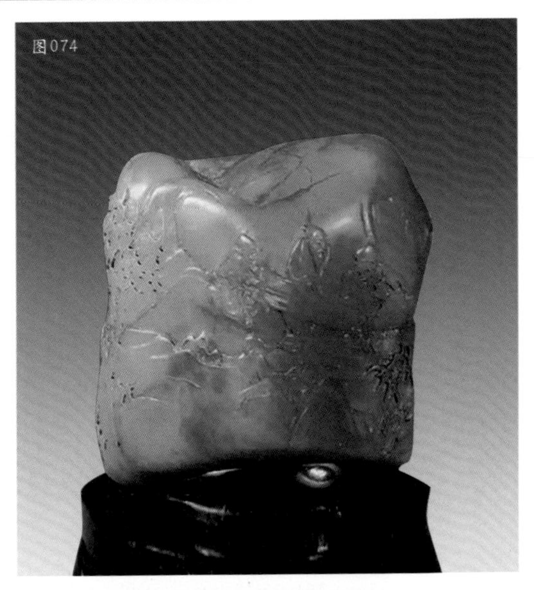
图074

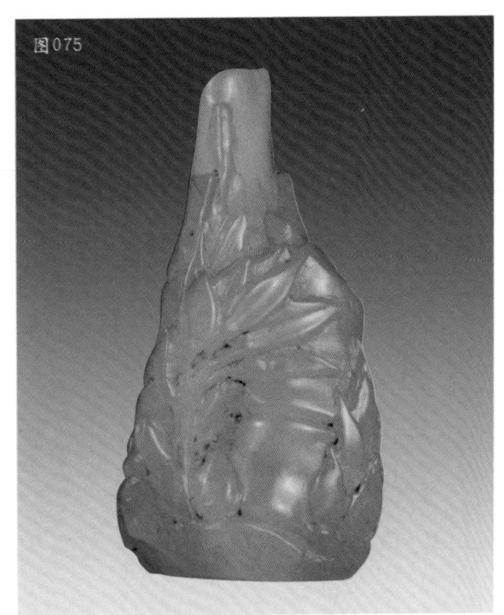
图075

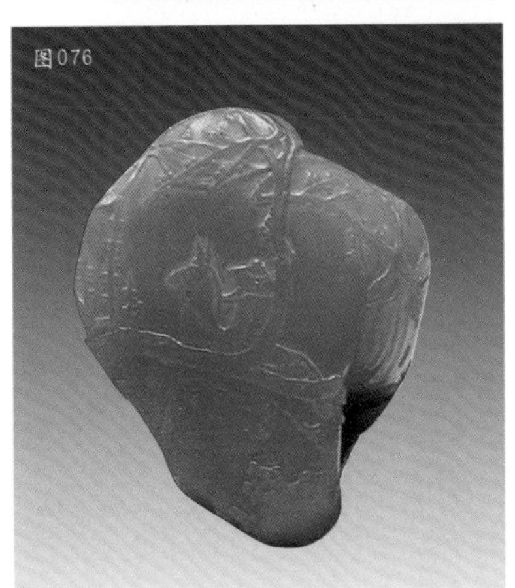
图076

图077

图078 四学士薄意雕 黑田冻石

黑田石

黑田石又称“乌田”，是指黑色的田石矿块。又按每一矿块的色泽浓淡特征不同分为墨黑田石、灰黑田石和黑皮田石等品目。

墨黑田石——简称“墨田”，色如浓墨，外浓内淡，在强光照射下观察，边缘通灵处往往略带赭色。质地近似黑色水坑冻石，表层挂黄色皮，肌理偶隐细斑点，萝卜纹较粗，呈网络状。

灰黑田石——简称“灰田”，色灰黑微泛黄意，宛如墨水涂秋梨，黄色透墨而现，肌理含黑斑。这种色相系田黄石久埋田泥中受碳质渲染所致，并非石璞原来面目。

黑皮田石——是一种外表包裹一层黑色皮的田石，色浓如漆，不透明或微透明，厚薄不均。此类石介乎黑田与田黄之间，一般以黑皮在石中所占的分量来划分。黑皮面积大且厚、肌理呈灰黑色者，属“黑田石”，若黑皮薄而疏者，也可按其里层的石质、色相归类命名，如：黑皮田黄石、黑皮白田石等。

凡质地通灵的黑田石，可在品名中冠以“冻”字，以显示贵重，如：黑田冻石、灰田冻石等。（图078）

乌鸦皮田石

乌鸦皮田石又称“蛤蟆皮田石”，是指表层含稀薄微透明黑色斑纹的田石矿块。因貌似乌鸦背颈的羽毛，明亮而富有光泽，又像癞蛤蟆身上的点点黑斑，渗透肌肤，故而得名。此乃田石独具的一种奇特表象，其纹理分布或呈流纹形，或成团块状，浓淡变幻，聚散有致，与田石肌理色彩构成强烈对比，交相辉映，惟妙惟肖。

鉴藏家之所以对“蛤蟆皮田石”情有独钟，除了纹理奇妙之外，还因为在传统观念中，蛤蟆不但具有驱毒、辟邪的功能，而且还是富贵、招财的象征。蛤蟆又称蟾蜍，由于“蟾”与“钱”谐音，故民间流传有“刘海戏金蟾，步步钓金钱”这样脍炙人口的故事。

图079　梅竹薄意扁形章 乌鸦皮田黄石

图080　山水薄意雕 乌鸦皮白田冻石

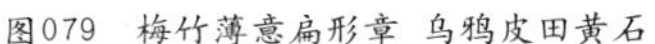

凡田石矿块中出现这类斑纹者，可在品名中冠以“乌鸦皮”或“蛤蟆皮”三字，以显示其特质，如：乌鸦皮田黄石、蛤蟆皮白田石等。（图079、图080）

硬田石

硬田石泛指质地粗硬的田石。凡各种田石中含杂质，多裂纹，色黝暗，性硬脆的矿块，均可列为“硬田石”。其品级自然逊于其他各种田石类别。

搁溜田石

搁溜田石又称“猴流田石”。福州方言“搁溜”即滚动的意思。顾名思义，乃指因受雨水、山洪冲荡，或人为翻土耕作等外力导致露出地表而散落于溪畔、田埂的田石矿块。

搁溜田石无需挖掘田土寻觅，仅靠偶遇捡得，唯部分矿石因为长期暴露土表，受到阳光曝晒，风雨侵袭，往往损其自然风韵。虽为田石种属，但其品级终不能与深埋土层、质纯色佳之田石同日而语。

溪管田石

溪管田石是指埋藏溪旁水田中的田石被山洪冲荡而沉积溪底的矿块。这类田石在田黄溪各坂段均时有发现，唯旧时在上、中坂交界的溪管屋附近，因溪流弯曲，致使溪底积石量多且质佳，故以“溪管”命名。然而，田黄溪中所出独石并不止田石一种，尚有他坑矿石，甚至还有近现代落入溪中的洞石残块，鉴者务须认真分辨。

溪管田石久蕴土质肥沃、水分充足的溪畔，质地多温润，又长期经受溪水浸泡润泽，外表通常会显现淡黄或赭黄皮层，肌理则分外莹澈可爱，向为藏家所珍惜。高兆《观石录》所言：“至今春雨时，溪涧中数有流出。或得之于田父手中，磨作印石，温纯深

图081　蝉　寺坪田黄石

润。”指的便是这类独石，然而如今已难觅得。

寺坪田石

寺坪田石是指从寿山外洋古刹广应院遗址中出土的田石矿块或雕刻制品。明徐𤊹《游寿山寺》诗中“草侵故址抛残础，雨洗空山拾断珉”句，描写的就是当时搜掘寺坪石的情景。

广应院初建于唐光启三年（887年），历宋、明几度兴废，至崇祯年间焚毁后不再重建，留遗址称“寺坪”。

相传古代广应院僧侣曾大量采集寿山各坑珍石储备寺中供雕制佛像、礼器所用，其中也包括一定数量的田石。寺废时藏石经火炙后再埋入土中，年久月深，石材受水分侵蚀，土壤沁染，表皮色渐转黝暗而质地则润泽倍增，貌似琀玉，蕴含古朴之气。后世农民于古寺遗址开垦农田，在耕作之时偶然挖得，流于市肆，鉴藏家尤为珍重，取名“寺坪石”。

寺坪石并非寿山石的原产地，石种也比较复杂，田石仅是其中一小部分。只不过因为璞石从田坑挖掘或加工之后再次受火煅长埋地下数百年，受水土侵蚀，致使外表产生“沁色”变化，石质变脆，或通体煨乌，或局部出现黑斑，留下沧桑岁月痕迹，耐人寻味，故别其名谓“寺坪田石”。

20世纪70年代，在广应院遗址（现“五显庙”旁侧）出土一件田黄石“古蝉”，高1.3厘米，宽1.8厘米，长3厘米，依势造型，刀法简洁，蝉背刻划阴线方格，形态生动。在古代，人们认为蝉不食，只饮甘露，具脱壳再生习性，象征超凡脱俗的情操，《史记·屈原贾生列传》云：“蝉蜕于浊秽，以浮游尘埃之外。”早在青铜器时期，鼎彝上已出现蝉纹装饰，汉代重厚葬，以蝉形玉雕塞于死者口中，寓蝉蜕升天之意，称“玉琀”。这件田黄石“蝉”出自佛教寺院，应与丧葬无关，乃取“蝉”与“禅”谐音，含高洁情操之义，富有禅宗韵味。明代以前的田黄石雕刻品，传世罕觅，弥足珍贵。（图081）

田石品种一览表

产地	石种名称	品目、别称、雅号及特征
田黄溪各坂段田土层及溪底沙泥中	田黄石又名：黄田石	田黄石中，按色相而分定品目者有：黄金黄田石、鸡油黄田石、橘皮黄田石、枇杷黄田石、桂花黄田石、熟栗黄田石、杏花黄田石、肥皂黄田石、糖粿黄田石、桐油黄田石等。田黄石中，外表全裹白色皮者，别称“银裹金田石”。田黄石中，质地通灵者，别称“田黄冻石”。
	白田石又名：田白石	白田石中，按色相而分定品目者有：羊脂白田石、象牙白田石、蛋清白田石等。白田石中，外表全裹黄色皮者，别称“金裹银田石”。白田石中，质地通灵者，别称“白田冻石”。
	红田石	红田石中，按色相而分定品目者有：橘皮红田石、蜡烛红田石、熟柿红田石等。红田石中，质地通灵者，别称“红田冻石”。红田石中，因煨煅而形成红色者，别称“煨红田石”。
	黑田石又名：乌田石	黑田石中，按色相而分定品目者有：黑田石、灰田石、黑皮田石等。黑田石中，质地通灵者，别称“黑田冻石”。
	乌鸦皮田石又名：蛤蟆皮田石	凡田石中，表层含稀薄微透明黑色斑纹者，均可在石名前冠以“乌鸦皮（蛤蟆皮）”雅号。例：乌鸦皮田黄石、乌鸦皮白田石等。
	硬田石	田石中，质地粗硬者，别称“硬田石”。
特定地域	搁溜田石	露出于地表的田石，称“搁溜田石”。
	溪管田石	沉积于田黄溪底的田石，称“溪管田石”。
	寺坪田石	埋藏于寿山广应院遗址土层中的古代田石及其制品，称“寺坪田石”。

閩中録卷六
侯官鄭　杰亦齋
壽山石譜
卞二濟壽山石記云壽山在重巒複澗中距
福州府治六十餘里有坑名五花志云所産
石類珉志語未詳嘗竊訪之舊聞宋時采取
病民有司言上請得以巨石塞坑路由是取
之者少即得之亦不甚示寶於人邇來三四

图082　清乾隆郑杰《闽中录》书影

二、品级评定

对于田石品级的评定，在历史上曾有过不同的衡量标准。清代早期，当田石崭露头角之初，藏家多以石色作为品评优劣的主要依据。如乾隆年间闽中著名藏石家郑杰在所著《闽中录》中称："迩来人所争重者，白田为最（原注：稍似羊脂玉，偶有红筋如血缕，即高云客所云'皎洁则梁园之雪，温柔则飞燕之肤，入手使人心荡'），次黄石（原注：通黄如烂柿者佳。更有淡黄一种，间有红筋，亦他石所无。又有连江一种，质硬性燥，多裂纹，历久变黑色，裂亦益深，不堪持玩。初出时人竟为其所愚）。"（图082）

而与其同时代的进士杨复吉，江苏震泽（今吴县）人，在《梦阑琐笔》中则引张寒坪语曰："寿山石以田黄为贵，田白次之。"晚清施鸿保《闽杂记》说："（寿山石）最上田坑，以黄为贵，近世所称'田黄'也。"

民国期间，寿山石论著以20世纪30年代出版的龚纶《寿山石谱》、张俊勋《寿山石考》和陈子奋《寿山印石小志》三部专书最具代表性。兹录涉及田石的品级评定观点如下：

《寿山石谱》：石（指田石）有黄、黑、白、红四种，以黄色者最多，曰"黄田"，亦曰"田黄"，名最著，价亦最昂。凡知寿山石者，盖无不知有"田黄"。……黑色较少，白色尤罕，红色殆绝无仅有，数十年不一见。

《寿山石考》：（田石）品分上、中、下、碓下四坂。中坂最贵，质细而全透明，其令人夺目者，如隔河惊艳，地凝润。色首橘皮黄，次金黄、桂花黄、熟栗黄、枇杷黄，中牵萝卜纹。又"白田"，出上、中坂。"黑田"，出下坂，有黑皮、纯黑之分，皆不及"田黄"。而田黄中，唯橘皮黄，四方者，两以上，易金三倍。余视成色高低而定。

《寿山印石小志》：（寿山溪）有上坂、中坂、下坂、碓下坂之分。上坂近坑头，所出“田石”质灵而色淡，黄者仿佛“黄水晶”。中坂则质嫩而色浓，可为“田石”之标准。下坂……质凝腻，多作桐油色。……其出于碓下坂者，亦多作桐油色。在中坂、下坂之间，有铁头岭，其下所出之田石，皆“银包金”，堪称妙品。中坂复有溪管屋，附近所出之独石，尤奇特。乡人于农事之余勤于搜掘，偶得之，视若瑾瑜。

综合以上三家之说，基本延续清时“以色分等级”的观点。至于以挖掘地位处的不同坂段作为品评田石优劣的依据，应该视为那个历史时期出产田石的基本特点。随着时代的变迁，挖掘的深度与广度不断扩展，各坂段所出田石品质也出现很大的变化，不可一概而论。故当今，以坂段论石品的办法已不为鉴藏家所认同。

对于每一块田石的质量进行客观、合理的品级评定，将直接影响到它的价值。笔者认为，田石的品级评定应该根据宝石自身所具备的各方面条件进行综合品鉴。其中起决定作用的要素包括质地、色泽、石形和块度四项。

质　地——以洁净、细腻、温润为标准来衡量。所谓“温润”是形容质地温婉脂润，而非指温度、柔软。其中肌理通灵的“田黄冻石”品位更高。

色　泽——田石虽有多种色相，但都以黄色为基调，在黄色之中，亦有浓淡深浅分别。一般而言，田石色泽以黄金黄为贵，橘皮红为罕，枇杷黄堪称标准色。次则熟栗、桂花、肥皂和糖粿等色。若色泽黝暗如桐油者，则属下品。白田不经见，黑田品略逊。“银裹金”和“金裹银”乃田石中奇妙的色彩变幻现象，具有特殊的观赏价值。

田石表层若出现乌鸦皮状稀疏斑纹，此乃田石的独有特征，适当保留，别具韵趣。石皮或单色，或双色，有时还会出现多色包裹，应视其质色的灵性而定优劣。

无论何种颜色的田石，都必须以它的纯洁度作为评级的重要依据。凡纯净清明者列为上品，若浑浊或混杂者则逊之。

石　形——作为二次生成独石的田石，其矿块均呈自然形体，千姿百态，各不相同，欲求嵯峨丰满者殊难。

传世古旧田石珍品，不少都经切割制成“方形章”，或保留些许石皮而成为“天然方章”。现今田石益加珍贵，雕刻家恐伤佳材，往往不忍任意切割，尽量保留石璞原状。若其形态能达到“方、高、大”者，堪称“极品”，备为藏家所追捧。形态扁平显露棱者，则属下品。

块　度——田石块度的大小，也是评定品级的重要依据。一般而言，重量不足30克的田石，称为“田黄仔”，没有多大收藏价值，不能列品。30克以上始可成材，同时，随着重量的增加，品级也相应得到提升。假如能达到250克（即半市斤）者，就称得上大田黄了。当然，历史上也出现过超过500克乃至千克以上的超级田石，往往价值连城。

纵观古今材巨的田石，不少质地欠纯洁，或属“硬田”一类，其价值反而不及重量适中而材方、质纯、色正之佳石。郭柏苍《闽产录异》说：“（田石）重七、八斤，多‘硬田’。”

近年石市出现单纯以重量计算田石价格的倾向，甚至与国际黄金价挂钩，称：每克田黄折黄金××倍。殊不知，前人所谓“易金三倍”的说法，是形容田黄贵逾黄金，并非绝对的计价公式。黄金作为一种金属，可以用纯度和重量计算价值，而田黄乃天然宝石，不可能按重论价。

在上述几个田石评级要素中，必须将质地的高下排在第一位。正如章鸿钊在《石雅》中所说：“首德而次符。”评石首先看质地，而色彩、外形和块度重量等，则居其次，切勿本末倒置。

三、真伪鉴别

田石的产地区域，仅限于寿山村境内长约八公里溪畔面积一平方公里上下的溪田土层深处，呈块状零散埋藏。无根而璞，无脉可寻，挖掘不易，产量极微，具有很高的观赏、收藏和投资、增值价值。

在海内外田石收藏热不断升温的今天，一块田石动辄卖价就是数百万元乃至上千万元（人民币），而这块弹丸之地历经了数百年的不断翻搜，本来就稀缺的资源已经濒临枯竭，石市时有出现以他坑之石冒充田石出售，甚至还有使用种种手法制造假田石，鱼目混珠，牟取暴利，致使玩家石友受骗上当，蒙受巨大的经济损失。不但令初涉者甚感困惑，甚至一些经验不足的经营者在收购田石时也有看走眼、买了“打眼货”的教训。陈重远《古玩史话与鉴赏》一书中讲述了一段“田黄石引出不幸”的真实故事便是一例。

1930年，年届而立的琉璃厂“信古斋”古玩铺少东刘东轩独立创业，在天津劝业场开设了一间分号，想借家族在业界的声望和多年跟随父亲学习古董鉴定、经营的经验，干出一番事业。一天，有人拿来一块大田黄石说是清宫御品要出让，开价200元，刘东轩接过掂量，揣摩一番，重有十多两，看上去不太像田黄，再想真品哪会这么便宜，便将石头退还卖主不予收购。后来这块石头被邻店用数十元钱买去。

不久，琉璃厂雅文斋经理萧书农、大雅斋经理王幼田和萧玉璞三人在这家古玩店见到此石，决意买下，店主开价500元，经协商以400元成交。刘东轩闻讯甚为震惊，暗中思量：是他们“打眼”了？还是自己欠眼力呢？于是悄悄进京探个究竟。到雅文斋一查，得知此石不日将在古玩行业公会举办的“窜货场”上公开交易。

这块大田黄刚在货场亮相即刻引起轰动，交投热烈，终被鉴定玉石印章的权威商号德宝斋出价1300元获得。刘东轩亲眼目睹这一场面后悔莫及，眼睁睁看着财神爷把上千块现大洋送上门，却被自己拒之门外，让别人赚了大利。从此，他一病不起，忧郁而殒命。

世间凡属稀缺珍宝，皆有以假乱真、以次充优的问题存在。正因为有假，才需要辨真，在目前尚不可能完全依赖仪器检测便能准确无误地分辨出真假田石的情况下，鉴定的主要手段还需依靠肉眼，以田黄石的外观特征作为主要依据进行“目鉴辨识”。因此，鉴者不但要具备一定的地质、矿物专业知识，深入研究田石的矿状与成因，更要不断实践，积累经验，识别外观相近的他坑之石，洞察种种作伪伎俩，方能练就一副火眼金睛。

通常所指假田石大致有以下两类：一是用外观特征相近似的印石、彩石冒充田黄，二是将其他石材经过加工伪制赝品。

易与田石混淆的石种

在寿山出产的各类别石种中，最容易与田石混淆的是同属次生矿物的掘性独石，有田坑的牛蛋石，也有从水坑和山坑矿脉中分离、零散埋藏山坡土层的黄色独石（俗称“山黄石”）。主要有：

牛蛋黄石

牛蛋黄石又名“鹅卵黄”，是与田石共生于田坑土层中的一种块状独石，乡间有“牛蛋田”之称。

牛蛋黄石的形貌、色相与田石有诸多近似之处，特别是外裹的石皮几乎与田石无异，民间有“牛蛋变田黄”的传说，认为牛蛋黄石久埋田土中，会渐渐变成真田石。于是有些石农深信不疑，每遇在田里挖到牛蛋黄石时，往往都会再将它重埋土中，希望留宝给子孙。

其实，牛蛋黄石的矿质与田石有着根本区别，两者并无亲缘关系。不但质地粗糙不通灵，没有萝卜纹，而且肌理多隐绵砂及粉末状细色点。部分矿块还会出现黄皮红心或红皮黄心的色层变化，究其母矿，似与马头岗独石同宗，属旗山矿脉。（图083、图084）

掘性坑头石

掘性坑头石产于坑头尖山麓靠近田黄溪上坂田的砂土层中。其石质与田石不但同属一

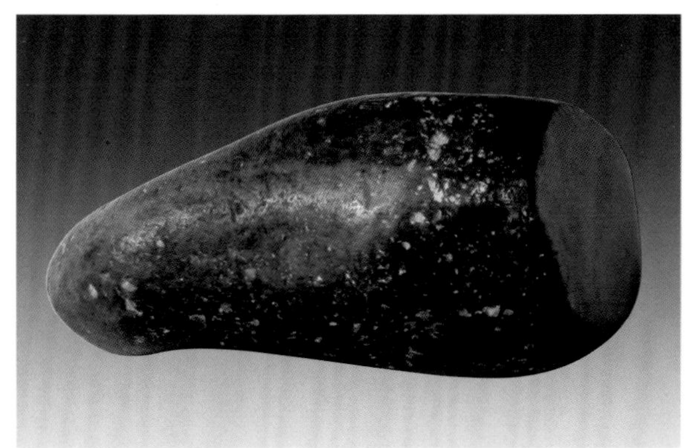

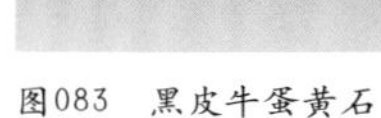

图083　黑皮牛蛋黄石

图084　多色皮牛蛋黄石

图085　神羊钮随形章 掘性坑头冻石

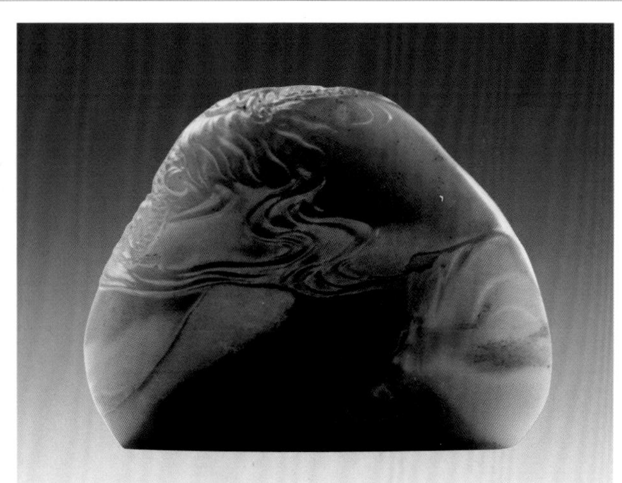

图086　云龙薄意雕 掘性坑头冻石

个母矿，而且生成条件也相差无几，同样具备石皮、萝卜纹以及红筋等外观特征，故有“坑头田”之称，意在与田石攀上亲。

尽管掘性坑头石与田石矿质相同，但埋藏之地是土坡而非田地，其质地通明有余而温润不足。皮层稀薄，萝卜纹弯曲零乱如棉花团絮，不如田石绵密富有条理。细察肌理时现白色小晕点，貌似“虱卵”。张宗果《寿山石考 · 黄水晶条》载：“质通灵，色嫩黄，极佳。有为水所浸蚀，内白而外黄，俗谓水晶变‘田黄’者，次之。”说的正是坑头冻石中近似田黄的矿石。（图085、图086）

掘性高山石

掘性高山石产于高山山峰的山坡土层中，其矿质与田石有诸多相同之处，外观特征也十分近似，亦具石皮及萝卜纹。

在清代，掘性高山石已被发现。民国时期产量尤盛，几部寿山石专书均有记述。龚纶《寿山石谱》云："（高山）间有掘于土者，别之曰'掘高山'，质特温粹，胜于采斫。……石晶莹之极，亦现萝卜纹，其有发芒刺状，类甘蔗心者，殊不佳。"张宗果《寿山石考》称："（高山）采于土者，异其名曰'掘高山'，不论为黄、为白，质温润，色通明，萝卜纹较显、较细，远驾洞产上。"陈子奋《寿山印石小志》专列"掘性高山"条目，论之更详，说："高山之掘于土者，异洞产。质洁腻，性通明，萝卜纹粗而显明。黄者作杏黄色，名'掘高山黄'，美丽纯粹，不减'田黄'。……白者洁净幽雅，名'掘高山白'，石贾恒以代'白田'，盖其纹其质直追'田石'而近之。百年以来白田不多见，收藏者得此，慰情聊胜无矣……"

20世纪末，石农曾在高山与芹石交界一处名为鲎箕的山田里，挖得一批优质高山独石，以产地取名"鲎箕石"，实为掘性高山石之一品目。这类石初产时最易与田石混淆，分辨殊难，有"鲎箕田"之称。唯埋藏的土层干燥，且年代也不及田坑久远，矿石形态多有棱角、欠圆滑，表层的铁质酸化渗染程度亦无法与田石相提并论。初产时曾蒙过不少藏家，后来见多了，便能识别。（图087、图088）

掘性都成坑石

掘性都成坑石产于都成坑山北面山坡，靠近田黄溪碓下坂处的砂土层中，是从都成坑矿脉中剥离出的矿块。其外观特征除表层含稀疏色皮外，肌理则与都成坑石无异，性结，透明带晶状肌理。虽质色胜于洞产，但与田石相比，两者存在一定的差别，旧时石贾常选其优者混田石出售，鉴定时务须认真分辨。

龚纶《寿山石谱》说掘性都成坑石："外有璞，中有绵，肌理亦现萝卜纹。其挂皮作青黑色，略似田石之蛤蟆皮。"同时也指出：石中往往含白点，故明者一见则辨。

陈子奋《寿山印石小志》认为："（都成坑）掘于土者，亦有萝卜纹，故石工恒以赝

‘下坂田’，虽久于玩石者，几弗能辨。然其纹曲而细，非若田黄之纹直而绵密。且性软者，刀过处石粉卷起。硬者微脆，则石屑细碎，是又不同也。”龚、陈所云皆前辈藏石家经验之说，对鉴别真伪有着重要的指导作用。（图089）

鹿目格石

鹿目格石产于都成坑山西面山坳靠近田黄溪上坂的砂土中。因该地理位置在斜坡的交隔处，形如鹿眼，故名。经实地考察，这类石的母矿应属都成坑矿脉之马背石，其外表裹淡黄或黑、白色皮，明润富有光泽，貌似田石，但剥除色层，肌理则现黄、红或暗赭色，质地略欠通灵，含杂砂丁，不具萝卜纹，故易识别。

此外，鹿目格尚有一个独具的特征，即时有出现形如鸽子眼珠状的细圆点，古称“鸽

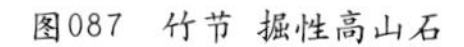

图087　竹节 掘性高山石

图088　瑞螭云蝠浮雕 鲎箕石

图089　掘性都成坑石

图090　瑞兽钮长方章 黄皮鹿目格石

图091　八福图薄意 鹿目格石

图092　伏虎罗汉 芦荫石

图089

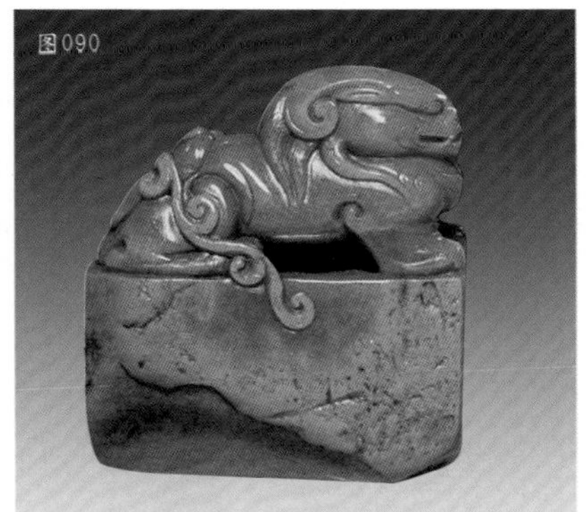
图090

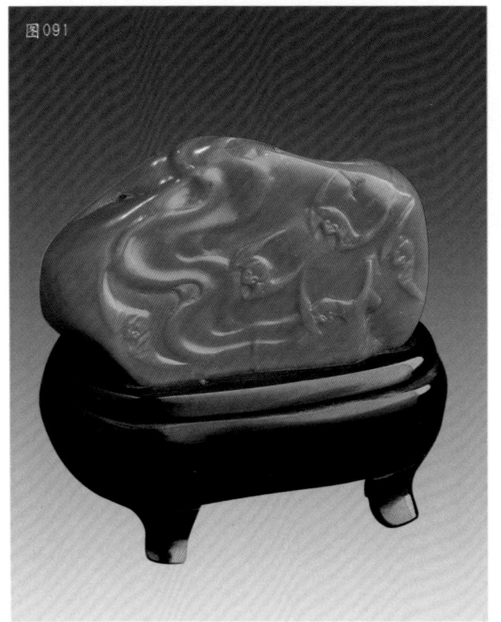
图091

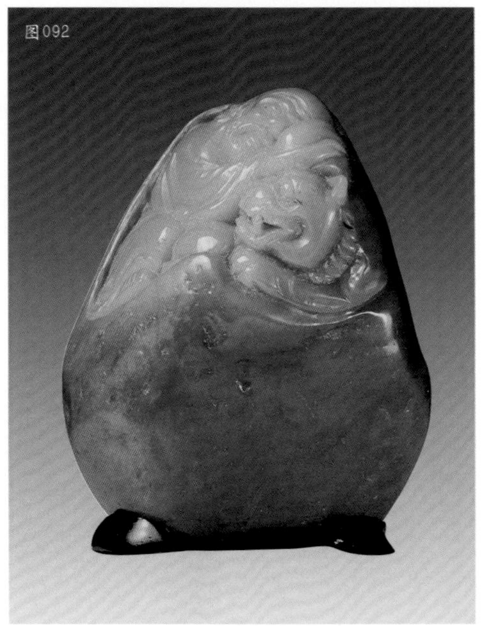
图092

眼砂”。毛奇龄《后观石录》记：“通体荔红色，而谛视其中，如白水滤丹砂，水砂分明，粼粼可爱，一云‘鹁鸽眼’。白中有丹砂，铢铢粒粒，透白而出，故名‘鸽眼砂’，旧录亦以此为神品。”可见鹿目格虽非田石，但亦有其自身的观赏价值。由于出石地域狭小，资源有限，历经数百载搜掘已成稀缺珍品，故有“鹿目田”之称。（图090、图091）

芦荫石

芦荫石，又称“芦音”“芦阴”。产于坑头溪旁芦苇丛的烂泥中，质细嫩，多黄色，通灵者亦具萝卜纹，裂纹显露，貌似田石，俗称“芦荫田”。此类石在清末、民初偶有挖掘，并曾见于文献、专著记载。

龚纶《寿山石谱》载：“（芦音）其石色只黄者一种，质佳，颇类都成坑。近已绝产。”张俊勋《寿山石考》云：“（芦荫）黄通明如田石者佳。亦有淡灰、淡黄、淡黑及白色。”陈子奋《寿山印石小志》说：“（芦阴）质温润，黄者明澈，有萝卜纹及裂痕，红筋明显如线，绝似田黄，石工称为‘芦阴田’。蓝者色似‘天蓝冻’，红则似桂花而红，然多红黄相间，纯者甚鲜。”（图092）

掘性碓下石

掘性碓下石产于田黄溪碓下坂段山坡砂土中，系碓下黄石矿块散落附近土层形成的一种独石，晚清至民国期间常有挖掘，质松色黄，微透明，多裂纹，肌理含粉黄色斑点，状如“虱卵”。除石表具不明显色皮外，与洞产碓下黄石并无区别。（图093、图094）

掘性蛇瓠石

掘性蛇瓠石产于都成坑山侧的蛇瓠岗山坡田野。多呈纺锤形块状，聚集于砂砾层中，俗称“窝泡”。质佳色黄者颇似都成坑石。表层裹色皮，肌理偶含金属砂点，闪烁有光。（图095）

图093　兽钮长方章 掘性碓下黄石

图094　夔纹线刻扁形章 掘性碓下黄石

图095　瑞云兽钮随形章 掘性蛇匏石

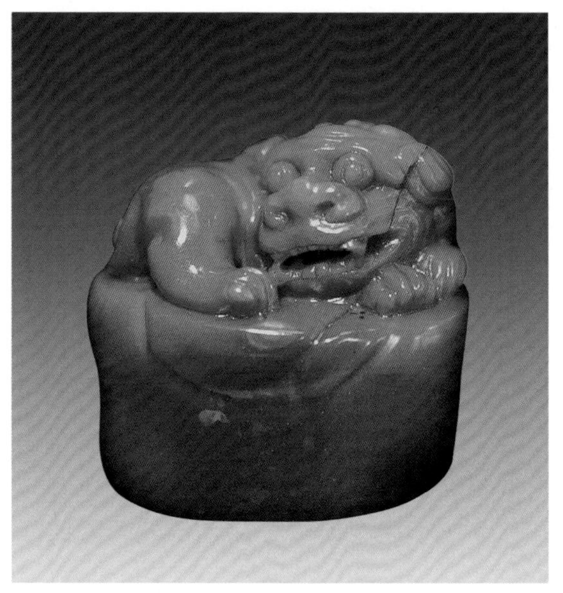
图096　狮钮随形章 掘性连江黄石

掘性金狮峰石

掘性金狮峰石产于寿山村内洋金狮峰山麓田野土层中，呈块状零星分布，质地纯洁致密，外裹薄色皮，有红、黄两种颜色，肌理隐黑斑，没有萝卜纹理，貌似“鹿目格石”。

掘性连江黄石

掘性连江黄石产于寿山村东北面日溪东坪的金山顶土层中，呈块状零散埋藏，靠挖掘而得。色藤黄，质坚脆，表层裹深黄色皮，肌理隐细密纹理。

在清代连江黄石初产之时，常被石贾冒充田黄销往京城，郭柏苍在所著《葭跗草堂集》和《闽产录异》两部著作中均有详细记载，说：“（连江黄）似田石，色黯质硬，油渍即黝，宦闽者误以田石珍之。然田石是璞，此是片片云根，可伏而思也。”乡间流传民谣云：“连江黄，假田黄。骗痴汉，不识详。”直至20世纪80年代，仍有人用树脂调色料涂于连江黄石表，再刻上薄意、浮雕加以掩饰后当作田石出售。

连江黄与田黄产地相距数公里，两者并不属同一矿系，石质亦有明显差异，作伪者骗施主有余，瞒同行不足。（图096）

溪蛋石

溪蛋石产于宦溪镇桂湖头一带溪中，是古代加良山开采芙蓉石时残留的矿石碎块落入溪涧，顺水而行沉积埋藏，其形貌与河卵石无异。唯质细嫩凝结，色多乳白或淡黄，外表泛黄皮，俗称“溪蛋田”。

溪蛋石虽外观近似白田石，然矿质与田石截然不同，亦不具萝卜纹，比较容易识别。

在寿山诸多品种中，尚有掘性老岭石、掘性无头佛坑石以及掘性马头岗石等矿脉周边土层中也埋藏有块状独石，虽然都具备次生矿石的表征，但质地与田石相去甚远，不一一赘述。

除上述产自寿山的掘性独石之外，石市亦有发现以寿山高山荔枝洞石、善伯洞石等洞产矿石，经过研磨加工后冒充田石。鉴定时只要留意次生独石的基本特征就不难辨识。

至于各地印石产地近年也陆续发现有外观貌似田石的次生矿块，石表固然也具色皮、格罍等特征，唯掩盖不了皮下里层保留的母矿质色，只需透过外象细察，原形必然暴露无遗。此不赘述。

常见造假手法

在鉴定田石时，除认真分辨容易混淆的其他石种以外，还应该注意鉴识经过人为加工伪造的“假田石”。如果说因为分不清石种而误将他坑之石当作田石出售有可能是眼力不够所致，那么，假造田黄者则完全是别有用心，故意蒙骗买家，以达到牟取暴利的目的。

目下在石市上伪制田石的手法不断更新，常见者有以下几种：

蒸煮法

蒸煮法是比较传统的一种作伪方法，操作简单，也容易被人识破。此法早在清初就已经流行，乾隆陈克恕在《篆刻针度》一书中即有“制钮煮色”的记载。

民国时期赵汝珍在《古玩指南》这部介绍文物古玩知识的专书中记述颇详：“至若田黄、田白，价逾黄金，伪造者有利可图，故伪制者甚多。其法以普通之‘黄寿山’‘白寿山’之精者，置杏干水内煮之，约廿四小时之后取出，当其热度未退之时，再近烈火烤之，及其已热，急以藤黄擦之，屡屡擦烤，必至黄色已入石内为止。以漂白粉擦之，则为‘白田石’。”（图097）

煅烧法

煅烧法亦始于清代，道咸间闽中学者郭柏苍在《闽产录异》一书中介绍“煨乌”时说：“石客选其光润有白地者，伪‘黑田’。”

后世作伪者更发展成利用高山、坑头洞产色黄质通灵的冻石，削磨成卵形，煨于燃烧着的谷壳中，致石表出现黑斑，以伪造“乌鸦皮田石”，或以黄色冻石，通过煨煅，令外层色变红，假冒“红田石”。

凡经过人工烧烤过的田石颜色往往失其天然，同时难免表皮会留下烟熏的细裂纹。（图098）

涂染法

涂染法始于20世纪80年代，当收藏田黄石热潮在海内外再度兴起之时。作伪者取质色与田石相近的洞产矿石，在石表涂上一层树脂、石粉调和剂，待干后再加雕饰以冒充石皮。此法初期曾蒙骗不少石友，甚至流往海外市场。后因树脂历久渐渐变色现出原形，才逐渐被人们识破。（图099）

图097

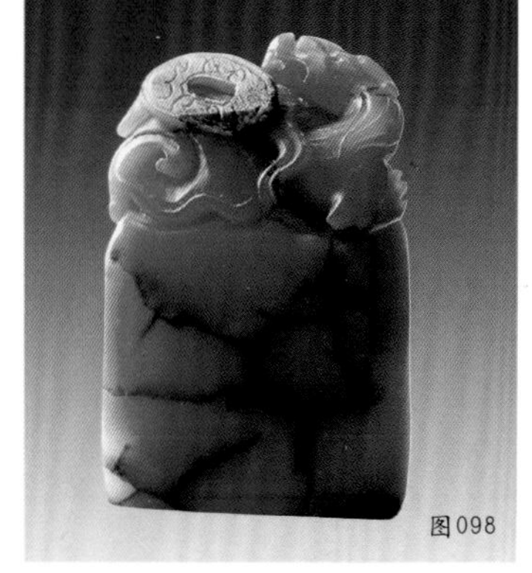

图098

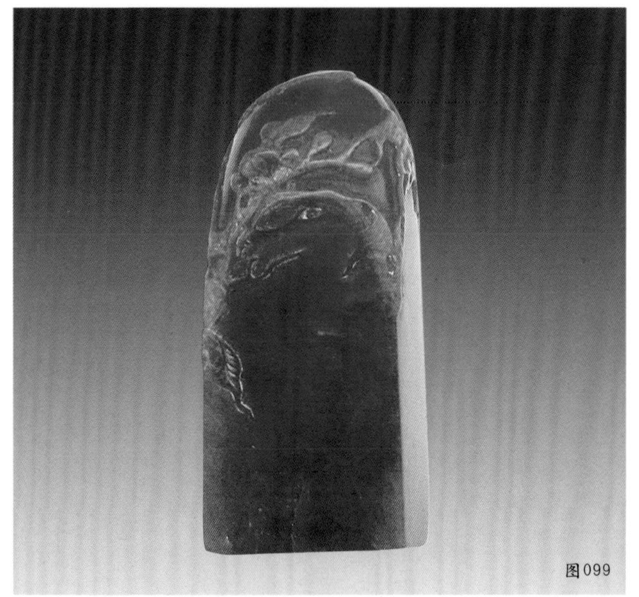

图099

图097　经过人工蒸煮打磨的假田石

图098　经过人工煅烧的假田石

图099　用涂染法冒充石皮的假田石

拼接法

拼接法是将若干小块不成材的田黄石黏合拼接成大块度的田黄石。然后再在石表雕刻薄意景物图画，将拼接的痕迹巧妙加以掩饰。以小拼大，以图达到提高田石品级的目的。

镶嵌法

镶嵌法虽不能说是完全的作伪手段，却是以次充优的方法，因为田石一经镶嵌必定破坏原态，致使宝石的价值受到极大的影响。

镶嵌法是将田石中的杂质剔除，然后选择质纯色正的田石块片加以嵌补，并将接缝部分雕作景物，巧加遮掩，由于镶嵌所占面积较小，往往被鉴者所疏忽。

以上所举五种作伪方法，尤以拼接和镶嵌最令买家伤脑。因为它们都是采用真田石为材料，只要技术过硬，做得天衣无缝，颇易瞒过肉眼，鉴者只有借助聚光放大镜等器材，在被雕刻图景中去寻找黏接的蛛丝马迹，从萝卜纹肌理的断续纹理中，去发现质地的异体，从而识破伪装。这项工作，若不具备高超的辨伪能力和丰富的实践经验，是很难胜任的。正所谓“操千曲而后晓声，观千剑而后识器”。

警惕利用“福寿黄”改色混田黄

“福寿黄”源于福建省地质科学研究所科技人员于1991年研究成功的一种寿山石改色新技术，即运用现代高科技方法将白色或黄色的地开石质寿山冻石改色，得到外观特征与天然田黄石相类似的矿石。

该试验虽取得一定的成果，但在其技术报告中也清楚说明：“田黄石在天然表生条件下染色需经数千年以至上万年才能完成，而实验室内染色只需数十天时间。……尽管其矿物成分、颜色及呈色肌理与天然田黄石基本相同，但在行家眼里尚有色泽鲜艳有余而温润不足之感觉。”报告还明确指出：福寿黄作为一种经过人工处理的产品，无论其品质如何也不能受到同等青睐。为此，在评估福寿黄的价格和研究的经济效益时，不能盲目与天然田黄石攀比。

正如翡翠有A、B、C级别一样，该“福寿黄”改色技术的出现对丰富和美化人们的生活，进一步提高寿山矿石的利用价值等方面会起到一定的积极作用，但终究不能冒充天然田黄石。

研制鉴定报告郑重申明此研究的宗旨是探讨一套科学的改色方法，将白色雕刻石改变成更加令人喜爱的黄色色调，提高产品档次；并非利用科学的改色技术冒充天然产品，冲击田黄石市场。

然而，近年一些不法商贾却利用这项新科研成果，伪制田石，混淆真假。藏家更应不断提高辨伪鉴真的眼力，慎防上当。（图100、图101）

图100　福建省地质科学研究所《福寿黄的研制》技术报告书影

图101　通过改色技术处理后的寿山冻石

田黄文化内涵

一、五行观念　蕴含石中

在中国的传统哲学思想中，“阴阳”和“五行”这两个观念是先民们对宇宙规律认知的反映，认为自然界的一切物质都是由金、木、水、火、土五种基本要素所组成。它们之间相互影响，产生出万事万物。

阴阳五行之说始于上古三代，在春秋战国时期，被赋予更丰富的内涵，历数千年发展，这种观念渗透到儒、道、释文化深层，绵延不绝。在充溢着中华民族传统气息的寿山石文化里，它的影子也无处不在，影响深远。

历史上，鉴藏家将数以百计的寿山石品目归纳为田坑、水坑和山坑三个大类，这种分类方法正与传统的二元对应、五行生克思想相通。《吕氏春秋·大乐》云：“阴阳变化，一上一下，合而成章。”传统哲学认为：开天辟地以来，山与水就是宇宙间的两大神器。山幽水明，山属阴而水属阳，阴阳之气氤氲积聚而为万物。《管子·四时》说：“阴阳者，天地之大理。”由此可见，“田坑”这一寿山石之骄子，不正是这种“天地万物莫不由阴阳之气相交而生”观念的反映吗？

从风水角度解释，寿山龙脉行至坑头止于水，又因水而聚，藏宝于负阴抱阳的田土之中，誉称“石帝”。

阴阳五行学说认为，世间万物都有五行的属性，如方位之中的东、西、南、北、中；颜色中的青、白、赤、黑、黄，等等。同时，五行还配以自然界与社会领域的各种事物，延伸而成五行观念体系。如天行五星，地生五谷，人有五德……而各坑寿山石也同样可以在五行中找到各自的对应属性，譬如：田坑属土，水坑属水，山坑由火山岩浆凝结而生，自然属火。

正是在这种“五行思想律”的支配之下，寿山石的产地矿位、石色纹理乃至品种命名也都被纳入五行体系之中。就以田黄石而言，宝藏无根而璞，久蕴田土之中，正合“正土之气而生黄金”之说；埋藏田石的田地位置又恰好居于整个矿区的正中，在它的四周环绕着东、西、南、北诸矿系，这一方位排列与五行的“土居中”正相吻合。（图102）

若与掌管五方的神祇对照，在原始宗教信仰中“五方神帝”也是尊居于中心神位的黄帝为主神。传说黄帝为黄龙体，《吕氏春秋·应同》载：“黄帝之时，天先见大螾大蝼。黄帝曰：土气胜。土气胜，故其色尚黄，其事则土。”所谓：黄龙见者，君之象也。从而产生出“黄为土色，土为五行之尊”的观念。难怪在短短数公里的田黄溪上会有龙床、龙潭和回龙岗等与龙有关的山水奇观。

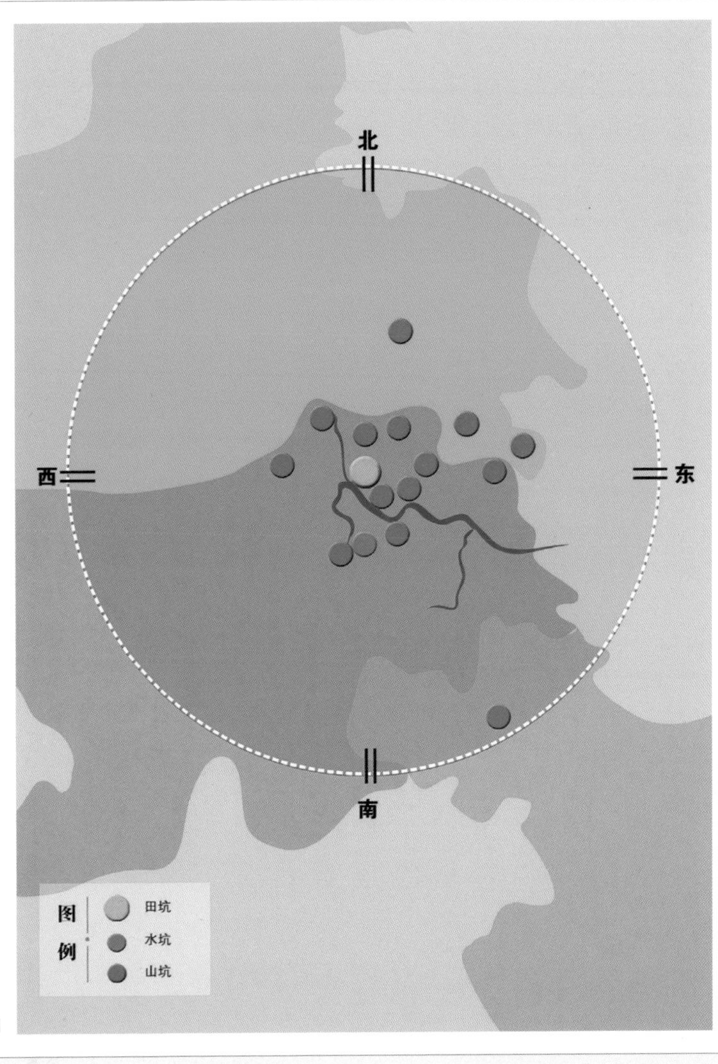

图102　寿山石矿三坑方位图

在封建社会皇权思想的笼罩下，黄色一直处于独尊的地位。帝王身上穿的是黄色龙袍，皇宫的布置乃至御用器具也多用黄色。在民间，也延续崇尚黄色的习俗，逐渐形成了中国传统以黄为尊的审美观念。田黄石之所以能在林林总总的石族中悄然脱颖而出，奉为九五之尊，登基称“帝”，确立在珉类彩石中的王者地位，并进而被神秘化，与它承载着丰富的中华传统文化内涵是密切关联的。

二、帝王宠爱　石帝“登基”

自清以降，特别是在康熙初年，地方官吏开始用田黄石作为贡品进献朝廷以后，田石以它瑰丽的质地和代表皇权专有的黄色，以及象征着“福（建）、寿（山）、田（黄）”这一蕴含传统文化“福寿康宁、五谷丰登”的意味，博得帝王的专宠，令田黄声名昭著，登上“石帝”宝座。

从清宫档案和北京、台北两地故宫博物院典藏的清代历朝，特别是康乾盛世时期大量皇帝御用田黄石玺印和玩品中，不难看到以天子自居的人帝对天遣瑰宝“石帝”田黄的钟情。究其原因，除了田黄本身质地润泽，纹理缜密，色调纯正等特征之外，还与中华民族崇尚黄色的心理有着密切的关系。

康熙称得上是历史上广搜田黄宝石制玺的第一位皇帝。康熙在位六十一年期间，闽省官吏进贡田石无数，或由民间艺人雕刻艺品，供皇上御赏，或直接供奉田黄珍石交宫中造办处制作宝玺。流传至今者有当时寿山石雕刻巨匠杨璇、周彬的观音、罗汉雕刻和康熙帝常用的“坦坦荡荡”“景运耆年”“康熙宸翰”和“戒之在得”以及多枚晚年御用玺印。许多载入《宝薮》的宝玺已经散失不知所踪，仅存于世者有一组康熙晚年御玺共十二方，其中多方为田黄材质，钮雕古兽形象逼真生动，或以细宝石镶嵌眼珠。除此之外，康熙年

图103　康熙皇帝朝服画像

图104　《坦坦荡荡》田黄卧牛钮长方形玺 3.4cm×4.2cm×2.5cm 清康熙 故宫博物院藏

图105　《景运耆年》田黄蹲狮钮椭圆形玺 5cm×3.1cm×1.3cm 清康熙 故宫博物院藏

图106　《景运耆年》田黄九螭钮椭圆形玺 3cm×2.8cm×1.4cm 清康熙 故宫博物院藏

图107　《康熙宸翰·戒之在得》田黄卧兽钮连珠玺 2.6cm×1.5cm×1.5cm 清康熙 故宫博物院藏

图108　雍正皇帝朝服画像

间宫内还贮藏大量刻有钮饰的章料和田黄石璞。（图103—图107）

据故宫博物院编《明清帝后宝玺》一书记载："故宫现存的雍正小玺，很大一部分都是田黄石，价值极高。"乾隆皇帝从1736年继承皇位，在位六十年，于公元1796年宣布退位与子颙琰（嘉庆），自称太上皇帝，继续"训政"至嘉庆四年（1799年）去世，享年89岁，统治中国达63年之久，是中国封建社会后期著名君主之一。乾隆所处的年代是清文化的繁荣时期，他不仅文武兼备，儒雅风流，而且对汉文化非常钟爱，一生收藏大量艺术珍品。（图108、图109）

乾隆御制田黄石玺印、文玩不但量多而且制作十分精致，他甚至亲自参与设计、审定，吸收各艺术门类精萃，融会贯通，别出心裁开创新技法，极尽繁缛华丽，留下不少具

图109　乾隆皇帝朝服画像

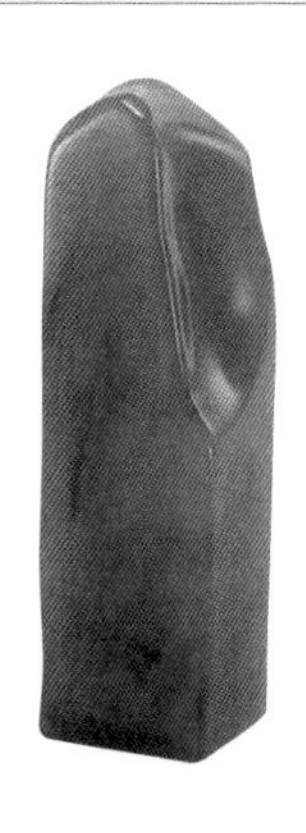

图110《长春书屋》田黄方形玺 8.3cm×2.5cm×2.5cm 故宫博物院藏

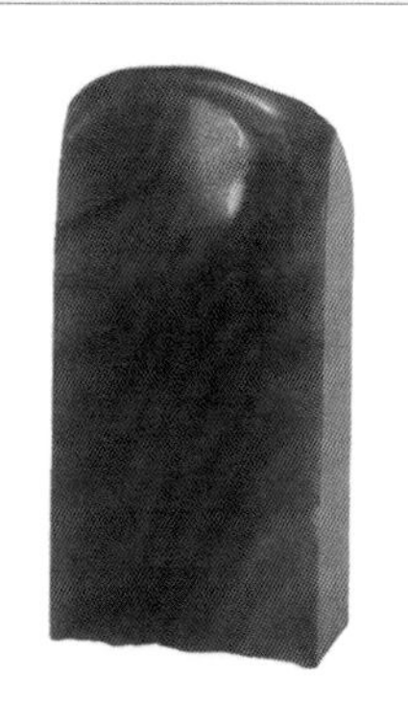

图111 《三希堂》田黄长方形玺 8.5cm×2.3cm×4.2cm 故宫博物院藏

图112 《信天主人》田黄素顶长方形玺 5.5cm×3.2cm×2.5cm 故宫博物院藏

有皇家风范的珍宝，如以雍正赐“长春仙馆”并赐号“长春居士”而刻制的田黄石“长春书屋”方玺（图110）；因内府秘藏王羲之《快雪时晴帖》、王献之《中秋帖》和王珣《伯远帖》而设“三希堂”并御制田黄石长方玺（图111）；以及取“顺天者昌，逆天者亡”之意，镌刻“信天主人”田黄石长方玺等（图112），让人叹为观止。其中以现藏故宫博物院的《田黄三链章》和台北故宫博物院的《鸳锦云章》九读套章两组田黄御用宝印，堪称绝世之作。

《田黄三链章》是乾隆皇帝晚年珍爱的一件御宝。此前，紫禁城武英殿曾藏有一块田黄石印章，一大一小，两印顶部均刻龙钮，口衔小石链，连为一体，系用整块石料雕琢而成。而《田黄三链章》则在活链对章的基础上，经过多次在玉料上试验之后，选用一块质纯色正的大田黄石为材料，制成由三条石链连结起来的三枚覆斗台环钮印章。左右两枚为方形，边长2.6厘米，分别篆刻朱文“乾隆宸翰”和白文“惟精惟一”，中间为椭圆形，2.3厘米×3厘米，篆刻朱文“乐天”二字。上下布置，印面的左右两侧雕饰阳文龙纹图案。雕工异常精致，巧夺天工，富有浓厚的宫廷特色，具有独特的艺术魅力。

这件被清宫历朝皇帝传为国宝的田黄章，于1924年废帝被冯玉祥率国民军赶出紫禁城时，溥仪仓促携带出宫逃往天津，期间不慎丢失，流入民间。据民国刘大同《古玉辨》记载：“又见友人廉南湖，存有清乾隆御用一田黄石印，色如脱胎古玉，三绳联环钮，长约盈尺，下垂三印，其小异常，精品也。古玉印曾未见有此式。”从以上的描述，可以推断说的正是此宝。

真是无巧不成书，时隔十多载，在东北当上“满洲国”傀儡皇帝的溥仪，一次过生日，关内皇族、旧臣遗老纷纷前往献宝祝寿，其中有份寿礼便是乾隆《三链章》，溥仪喜出望外，视为恢复清朝的吉兆，一直珍藏身边，并在寝宫里设一祖宗神坛，时时向列祖列宗灵位告祭一番。

1945年苏联对日宣战，日军退守南满，溥仪“国都”也迁往通化。8月15日，日本宣布投降，满洲国皇帝随即发布“退位”诏书。溥仪在出逃之时，仓皇间丢下皇后、贵人，顾不上宫中诸多字画珠宝，唯独没有忘记带上《三链章》等一小箱最具价值的宝物，从通化来到沈阳机场，在企图飞往日本时被苏军俘虏。在苏联五年间，他虽数次向当局奉献珠宝，却不愿交出《田黄三链章》，将它藏在一个皮箱的夹层里。

1950年溥仪由苏返国，被关押在哈尔滨战犯管理所。此时正值抗美援朝时期，溥仪在党的教育下，主动交出这件国宝，终使历经劫难的《乾隆三链章》回到了人民手中，成为故宫博物院的镇馆之宝。1998年三链章被选为首套《寿山石雕》邮票图案。（图113、图114）

无独有偶，乾隆皇帝的另一套御玺《鸳锦云章》，抗战期间也游历了半个中国，最后在宝岛台湾留下来，如今为台北故宫博物院所典藏。

《鸳锦云章》又称“九读组章”，由九枚方形或长方形印章组成，印材石质除“七

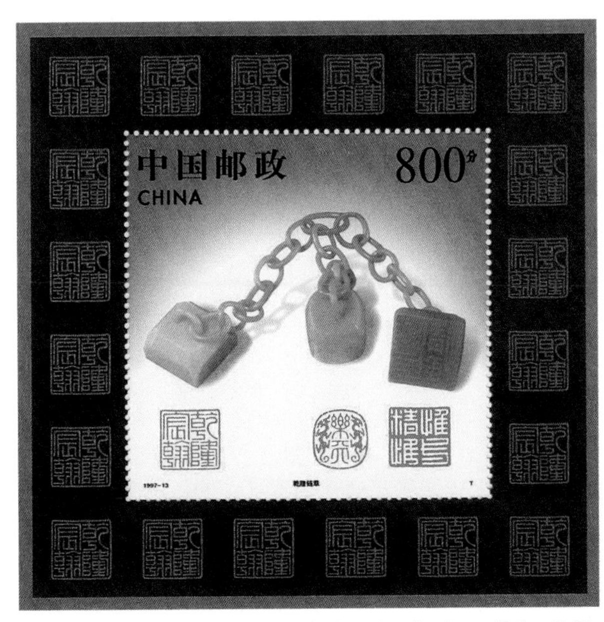

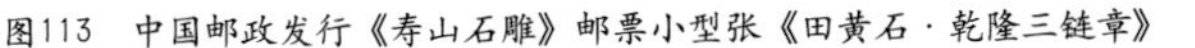

图113　中国邮政发行《寿山石雕》邮票小型张《田黄石·乾隆三链章》　图114　故宫博物院展出《乾隆三链章》

图115—123 乾隆御玺《鸳锦云章》台北故宫博物院藏

图115—1 《初读》 母子甪端钮田黄石方章 8.4cm×4.7cm×4.7cm

图116—1 《二读》 狻猊钮田黄石方章 7cm×5.1cm×5.1cm

图117—1 《三读》 天马钮田黄石方章 6.2cm×4.7cm×4.7cm

图115—2 《初读》 篆刻：（白文）循连环 连环循 环循连 边款：玉筋篆，唐李阳冰善作此体，至今用之印章

图116—2 《二读》 篆刻：（朱文）连环循 环循连 循连环 边款：奇字，前汉甄丰定古文六体，此其一也

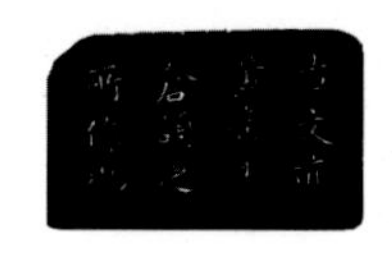

图117—2 《三读》 篆刻：（朱文）循环连 环连循 连循环 边款：古文亦黄帝史仓颉之所作也

图118—1 《四读》辟邪钮田黄石方章 5.3cm×4.2cm×4.2cm

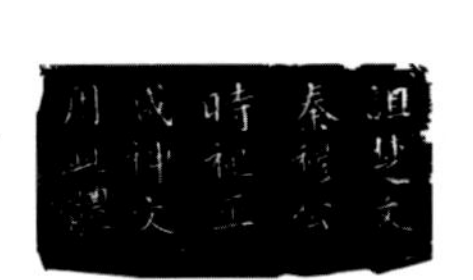

图118—2 《四读》 篆刻：（白文）环连循 连循环 循环连 边款：诅楚文，秦穆公时祀巫咸神文用此体

图119—1 《五读》 辟邪钮田黄石方章 5.3cm×4.3cm×4.3cm

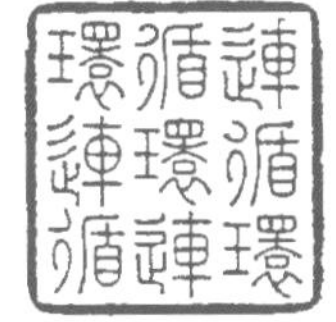

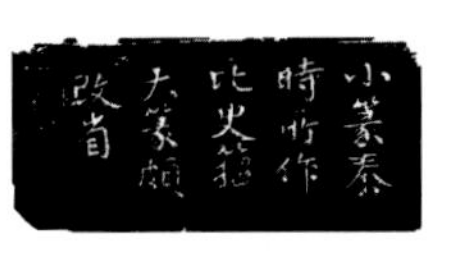

图119—2 《五读》 篆刻：（朱文）连循环 循环连 环连循 边款：小篆，秦时所作，比史籀大篆颇改省

图120—1 《六读》 甪端钮田黄石方章 5.8cm×5.7cm×5.7cm

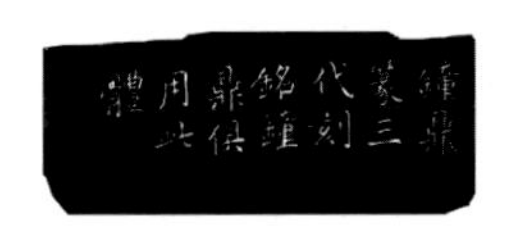

图120—2 《六读》 篆刻：（圆形 朱文）环循连 连环循 循连环 边款：钟鼎篆，三代刻铭钟鼎俱用此体

图121—1 《七读》 母子狻猊钮芙蓉石方章 7.4cm×4.2cm×4.2cm

图122—1 《八读》 母子三狮钮芙蓉石方章 6.8cm×4.5cm×4.5cm

图123—1 《九读》 母子三辟邪钮田黄石方章 5.6cm×4.6cm×4.6cm

图121—2 《七读》 篆刻：（白文）循连环 环循连 连环循 边款：尚方大篆，秦程邈所述，后人饰之以为法

图122—2 《八读》 篆刻：（朱文）连环循 循连环 环循连 边款：秦玺篆，秦李斯所作，此仿永昌玉印文体

图123—2 《九读》 篆刻：（白文）环循连 循连环 连环循 边款：汉印篆，汉高祖时仿秦缪篆而为之

图124　咸丰皇帝朝服画像

图125　《克敬居》田黄瑞兽钮长方形玺 4.8cm×4cm×2.8cm 清咸丰 故宫博物院藏

读”和“八读”为芙蓉石外，其他七枚均为田黄冻石。印钮圆雕螭虎、角端、辟邪神兽及天马等动物。印文由“循连环”三字不同组合，每印九字，成“井”字排列，甚为奇特，反映出儒雅风流的乾隆帝对汉文化研习之深。（图115—图123）

咸丰帝奕詝是清朝入关后的第七位皇帝，执政期间正处中国多事之秋，面对英法联军发动的第二次鸦片战争及火烧圆明园等侵略行径束手无策，却沉迷声色，粉饰太平。所遗田黄石玺中，除有一枚高13厘米、宽9.3厘米、长9厘米的“咸丰御览之宝”大方形玺外，还有“克敬居”“御赏”等闲章。（图124、图125）

在这里，特别值得一提的是那方光素长方田黄石“御赏”玺。此印虽仅是一枚略呈日字形的小印，高5厘米，宽1厘米，长2厘米，质色一般，无印钮雕饰，但却为喜欢欣赏字画的咸丰皇帝相中，并在印面刻“御赏”二字，用作品赏书画时钤用，日久生情，遂成他囊中珍宝，时时抚玩，十分珍惜。

咸丰十一年（1861年）咸丰皇帝在承德避祸期间，心力憔悴一病不起，弥留之际发遗诏：立刚满六岁的幼子载淳为皇太子，命肃顺等八大臣辅佐朝政。同时，又分别赐“御赏”和“同道堂”二玺与太后慈安和嗣皇帝掌管，作为发布谕旨的凭信，赋予其神圣的功能。其中“御赏”日字形田黄石玺即是咸丰帝平日随身携带的心爱之物。

帝崩后，西太后慈禧以幼帝生母身份代皇帝掌印，联合东宫向辅政大臣发难，发动“辛酉政变”，掌握了朝廷大权，实行垂帘听政，改“祺祥”年号为“同治”。此后，凡同治皇帝的上谕明旨，上起用“御赏”章，下用“同道堂”章，无钤盖此二印者均无效，这一定例成了同治时期两宫太后垂帘听政的主要标志。《清列朝后妃传稿》载：“文宗临崩，以印章二赐孝贞及帝。后曰‘御赏’，帝曰‘同道堂’，凡发谕旨，分钤起讫处。”一枚小小的田黄石印玺竟能在这场改变中国封建社会走向的重大历史事件中起到如此决定性的作用，实属罕见，也成了后世研究这段历史的重要资料。（图126—图131）

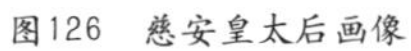
图126　慈安皇太后画像

图127　慈禧皇太后画像

图128　《御赏》《同道堂》田黄宝玺

图129　《御赏》田黄日字形玺
5cm × 2cm × 1cm　清咸丰　故宫博物院藏

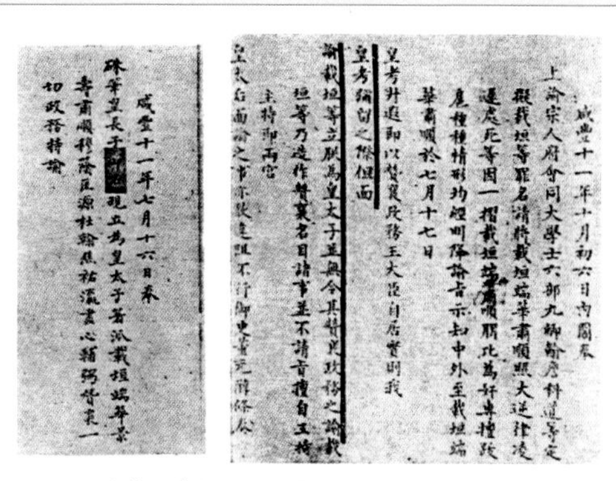

图130　咸丰任命肃顺等赞襄政务的遗诏（左）
慈禧否认咸丰遗诏的上谕（右）

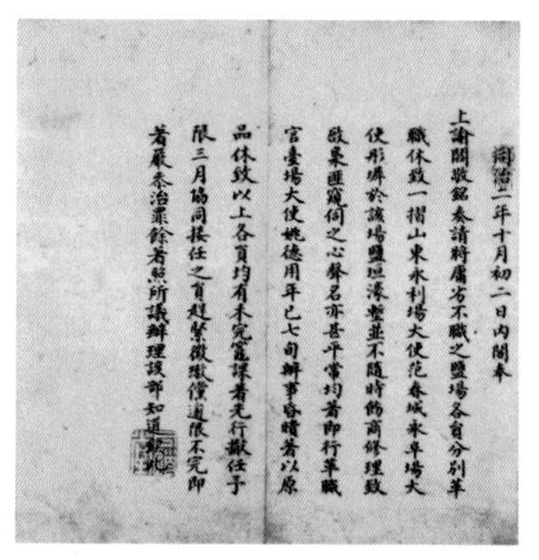

图131　同治二年盖有“御赏”
“同道堂”二印的上谕

至于有些文著说“明太祖朱元璋曾派太监来闽挖掘田黄石供朝廷御用”，或云“乾隆使用田黄石祭天”，等等，多源自坊间故事传说，缺乏史料佐证，不可足信。

三、文人雅士　百般推崇

田黄石以其丰厚的文化积淀和观赏收藏价值，为古今文人雅士所珍爱，乃至穷日达旦，讲论辨识，不惜笔墨，尽态极妍，留下了不朽的文著诗篇，促使田黄石身价剧增，豪门权贵，争相搜罗。

有关田坑的文献记载，最早见于清康熙二十九年（1690年）成书的毛奇龄《后观石录》。文中写道：“（寿山石）以田坑为第一，水坑次之，山坑又次之。每得一田坑，辄转相传玩，顾视珍惜，虽盛势强力不能夺。石益鲜，价值益腾，而作伪者纷纷日出，至有假他山之石以乱真者。”

自宋至明，鉴藏家品鉴寿山石大都以色评级，崇尚绿色，尤以“艾绿”为贵。宋梁克家《三山志》云：“（寿山石）唯艾绿者难得。”明谢肇淛亦品“艾绿”为第一。虽然当时也曾有农民、僧侣从溪涧、田间觅得田黄，刻制印章、佛具，但尚不为人所珍视，只与山坑黄色独石混为一谈，统以“黄石”称之。即使在清初耿精忠父子统治福建期间，大肆采掘寿山石，出现“掘田田尽废，凿山山尽空”的场面，田坑之石仍没有被单独列为石种品类。

稍早于毛奇龄《后观石录》的另一篇寿山石著述——高兆《观石录》中，亦仅提寿山石有水坑、山坑，认为：“水坑悬绠下凿，质润姿温。山坑发之山蹊，姿暗然，质微坚，往往有沙隐肤里，手摩挲则见。水坑上品，明泽如脂，衣缨拂之有痕。”却只字未提掘自田中“无根而璞，无脉可寻”的田石，由此可见毛氏对推崇田黄石的重大贡献。

图132 毛奇龄画像

毛奇龄（1623—1716）原名甡，字大可，号初晴、晚晴等。浙江萧山人，以郡望西河，称“西河先生”。少时聪颖过人，13岁应童子试，名列第一，为明末禀生。清军南下时与沈禹锡等避兵深山，筑土攻读，博览群书，著述甚富，尤好说经，名扬词堂，是我国明清之际著名学者、经学家、文学家，与兄毛万龄并称“江东二毛”。康熙十八年（1679年）荐举博学鸿词科，授翰林院检讨，充明史馆纂修官等职。著有《西河诗话·词话》《竟山乐录》等。

毛奇龄曾于康熙二十六年（1687年）客寓福州开元寺。期间恰逢寿山石开采业兴旺时期，引发了他对收藏、品鉴寿山灵石的极大兴趣，玩赏之余作笔记一篇，详细记录自藏的四十九枚佳石的质色特征、雕刻艺术，并对寿山石的坑别分类提出卓见。因见闽籍友人高兆曾著《观石录》一篇，故以《后观石录》题名，并自谦道：“尝见友人高固斋作观石一录，流传人间，因谬题之曰《后观石录》。若夫好石之癖，予本无有，且贫不能致，致之亦不能保，今之所观，安保其必我有者？则亦从而观焉可已。”该文编入康熙刻本《西河合集》。

乾隆年间乾隆帝授纪晓岚等为总纂官，先后花费十数年的时间，征集官府民间藏本古籍计三千多种，七万九千余卷，编成《四库全书》。毛奇龄《后观石录》由浙江巡抚采进，亦被收入这部中国历史上部头最大的巨制之中，得以广泛流传。后人将前后两篇《观石录》合称“双璧”，视为历史上最早研究寿山石的专论，其学术观点对近、现代寿山石品鉴产生了深远的影响。（图132、图133）

自《后观石录》问世之后，三百多年来，鉴藏界一直以毛氏的“田坑为第一”观点作

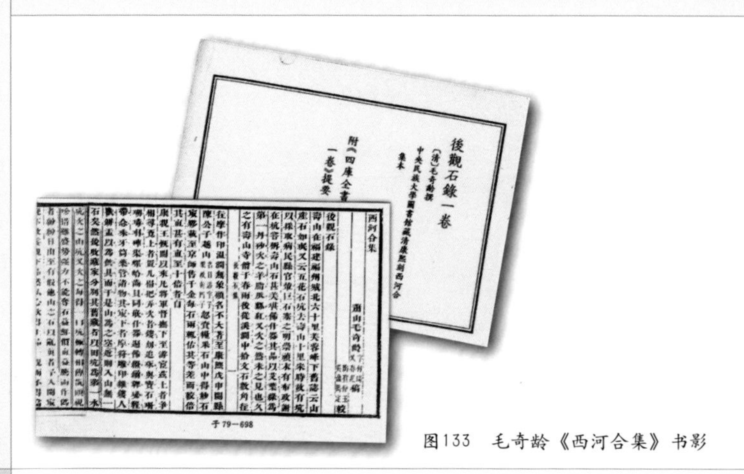
後觀石錄一卷

（清）毛奇齡撰

中央民族大學圖書館藏清康熙刻西河合集本

附《四庫全書》一卷提要

西河合集

後觀石錄

蕭山毛奇齡

壽山在福建福州城北六十里芙蓉峰下舊誌云山產石如珉又云五花石坑去壽山十里宋時故有坑以採取病民縣官俾巨石塞之明崇禎末有布政謝在杭管稱壽山石其美者備什器其品以芙蓉碌為第一丹砂次之羊脂胚縣紅又次之然未之見也久之有壽山寺僧于春雨後從溪澗中拾文石數角在

于79—698

图133　毛奇龄《西河合集》书影

为鉴赏品评寿山石的标准，并屡屡见于文人笔记、论著，诸如郑杰的《闽中录》、陈克恕的《篆刻针度》、徐祚永的《闽游诗话》和杨复吉的《梦阑琐笔》，等等。同时《后观石录》还被收入乾隆《四库全书》《福州府志》，广为流传，影响甚大。

乾隆进士袁枚，字子才，号简斋，擅诗文，喜好收藏印石、砚台，与黄任齐名于世。辞官后在南京建“随园”隐居，著有《小仓山房诗文集》等。据《清稗类钞》记载：袁枚自用印章中，有一枚硕大田黄石“颐性养寿”印章，高四寸，宽一寸六分（按市尺计），重二十四两（按16两制市斤计），质地晶莹透润，蕴橘囊纹，石面含黑斑数点，乃田黄石之“上品”。乾隆五十年（1785年），西泠前四家之一黄易在河南祥符中丞官府中见到这方大诗人珍藏宝物，欣然操刀在石上镌刻边款百余字，赞曰：“福州之田，蕴石如玉，大材尤可贵，闻黄莘田十砚斋、袁简斋随园所收殊美……”云云。

黄易铭文中所提到的黄莘田，名黄任（1683—1768），号十砚老人。福建永福（今永泰县）人。康熙四十一年中举，曾任广东新会、高要知县。工诗词，擅书画，名重于世，收藏砚石、印石甚富。著有《香草斋集》《秋江集》等。有《寿山石》诗多首传世，其中《七古长诗》吟云：“……迩来田石踊高价，居奇不肯输强豪。豪家意在索必得，牙侩弋获无遁逃。未提论斤买一握，要斗金璧充雁羔。”

另据资料，两江总督怡良藏有一枚田黄双凤章，质地俱佳，堪称极品。

清代，田石不但进入皇室豪门家，成为标榜权势身份的象征，更令文人雅士如痴如醉。甚至有人逝前还不忘将生前珍爱之石带入阴府。《逸梅掌故》中记：词人陈迦陵墓被掘时，曾在随葬品中发现一枚田黄冻石印章，钮为周尚均所制。藏家闻讯争相前来观赏，拓印文，还有人触景生情赋诗为记，有句云：“此劫难逃白骨露……片石蒸栗式奇石。”

近代著名收藏家陈亮伯，字寂园，江苏江浦人。博雅好古，以鉴藏名瓷雄于世，著有《陶雅》。生前撰有《说印》一篇遗稿，论述印石鉴赏，后由清末任户部文选司郎中的巴鲁特·崇彝整理、补辑出版。崇彝在序中说："《说印》一篇，盖偶有所忆，援笔而记，点窜丛残，未为定稿。戊辰岁（1928年）得见于李少斋先生，许缘亟假归，略为诠次，益以余数年来随笔所记数十则，以成是篇。"

陈亮伯在《说印》中列"说田石"章，记述亲历田黄石聚散旧事云："余初入京，在尚古斋购得瓦钮田黄一对，莹腴透澈，逾于虎魄（琥珀）。己丑、庚寅间（清光绪十五年、十六年）为祁君arrow外郎所见，以余收藏极富，爱不释手，遂相饷焉。越十余年，君arrow归自比利时，之二印者，历劫犹存，知余所藏田黄百数十方，已尽为他人所有，否亦悉付灰烬，喟然太息，乃举二瓦钮以还余。"一时传为佳话。

文中还列举所藏、所见清廷皇族田黄旧物有：

"余旧藏'冰玉主人'（原注：怡贤亲王别号）田黄双凤章，古旧苍润，世无其匹，其吃油之深，若云斑之与水晕也。"

"尚古斋有怡邸田黄六方，其两方成对者，大如皇帝之玺，上镌'怡亲王宝'四字，狮钮，极恢奇，高四寸半，围径尺四寸半，真巨观也。……其一方色尤浓艳，蒸栗不足以譬其什一。钮作老凤引雏形，文曰：'和硕亲王鉴赏书画印记。'状式长而方，若督抚所用之关防。"

陈氏《说印》还说他曾购藏田白印石六大方，每方约重七八两，狮钮，工致异常，润腻如截肪，均有芦菔花纹，肤理缜密，云斑水晕，为生平仅见，篆刻"郑亲王宝"等字。

崇彝在《说印（补）》中列"说田石补十二则"，说自藏多枚康熙年间制钮巨匠周尚均、杨玉璇等人田黄石雕作，俱臻绝顶。

自元末王冕创用花乳石刻制印章后，开启了我国印章艺术史上辉煌的"石章时代"。至清代文人流派篆刻兴盛，田黄石以其柔而易攻的特质和深厚的文化内涵，备受金石家们的青睐。

图134 程邃篆刻"蕉林鉴定"
田黄兽钮方章 香港艺术馆藏

只可惜随着岁月变迁，朝代更迭，名家篆刻的田黄石章不断易主，而每转一手，辄多被磨去旧篆改镌己之姓名，如此数次，好端端的田黄印章尽成侏儒，名家篆刻也化为乌有，致使民间所藏古旧田黄印章，罕见大家遗作。

当今可考的古代名家田黄石篆刻实物，年代较早者出自明末文人画家程邃之手。

程邃（1605—1691，或说1607—1692），字穆倩，号垢道人、江东布衣等。安徽歙县人，晚年居扬州。多才多艺，工诗画，擅金石考证，是明末清初著名篆刻家，被尊为"皖派"的开山大师，与传人汪肇龙、巴慰祖、胡唐合称"歙中四子"。他治印十分重视印材品质，尤喜选用寿山田黄之类佳石，流传至今者罕。

在1987年香港苏富比拍卖会上，以12万元拍出一枚赵之谦篆刻的田黄石印章，其印顶尚留有"壬子春程邃"旧款识。可证该印原为程邃所治刻。

香港艺术馆分馆茶具文物馆珍藏一枚程邃篆刻的田黄冻石兽钮方章，高3.2厘米，宽、厚均2.2厘米，白文"蕉林鉴定"四字，加白边框。刀法凝重，醇厚苍雅，款署行书"垢道人"。考该印主人"蕉林"名梁清标（1620—1691）,字玉立，河北正定人，明崇祯翰林，清康熙时入相，为明末清初著名书画收藏家。佳石、佳篆与名人用章三者相得益彰，可谓稀珍。（图134）

清乾嘉年间以浙江篆刻名家丁敬为代表所创立的浙派风格的"西泠八家"，也喜用田黄石印材镌刻。清光绪年间，西泠印社创始人之一丁仁编撰的《西泠八家印选》中明确标名以田黄石为印材者有：奚冈"日贯斋"扁形章、陈豫钟"几生修得到梅花"方章和赵次闲（之琛）的"癸卯生"长方章、"适孙印"方章、"联琇"连珠章、"临川李氏"方章以及钱松的"臣守知印"方章等多枚。（图135—图142）

吴昌硕（1844—1927），初名俊卿，字苍石，号缶庐、苦铁等。浙江安吉人，后寓上海。工书法篆刻，融皖浙诸家与秦汉玺印精华，卓然成家，以诗、书、画、印四绝

图135　丁仁《西泠八家印选》扉页

图136　奚冈 篆刻“日贯斋” 田黄扁形章

图137　陈豫钟 篆刻“几生修得到梅花” 田黄方章

图138　赵之琛 篆刻“癸卯生” 田黄长方章

西泠八家印選

輔之二兄雅屬

冬心老人江尊 年八十有八歲

图135

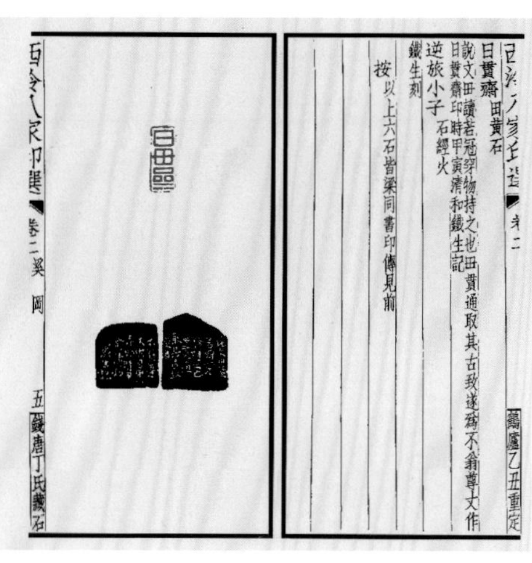
西泠八家印選 卷二 奚岡 五 錢唐丁氏藏石

西泠八家印選 卷二 鶴廬乙丑重定

日貫齋 田黄石

說文毌讀若冠穿物持之也毌貫通取其古致遂爲不翁尊丈作日貫齋印時甲寅清和鐵生記

逆旅小子 石經火

鐵生刻

按以上六石皆梁同書印傳見前

图136

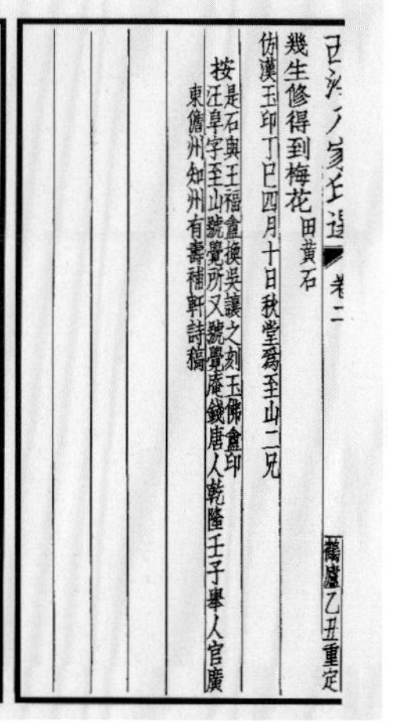
西泠八家印選 卷二 陳豫鍾 吳 錢唐丁氏藏石

西泠八家印選 卷二 鶴廬乙丑重定

幾生修得到梅花 田黄石

仿漢玉印丁巳四月十日秋堂爲至山二兄

按是石與王福盦換吳讓之刻玉佛盦印

汪皋字至山號覺所又號覺庵錢唐人乾隆壬子舉人官廣東儋州知州有壽礼軒詩稿

图137

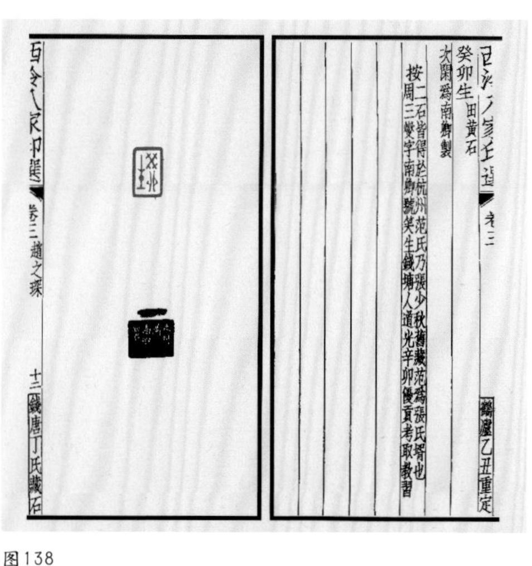
西泠八家印選 卷二 趙之琛 十二 錢唐丁氏藏石

西泠八家印選 卷二 鶴廬乙丑重定

癸卯生 田黄石

次閑爲南薌製

按二石皆得於杭州范氏乃張少秋舊藏范爲張氏壻也

周三燮字南薌號笑生錢塘人道光辛卯優貢考取教習

图138

图139　赵之琛 篆刻“适孙印” 田黄方章

图140　赵之琛 篆刻“联琇” 田黄连珠章

图141　赵之琛 篆刻“临川李氏” 田黄方章

图142　钱松 篆刻“臣守知印” 田黄方章

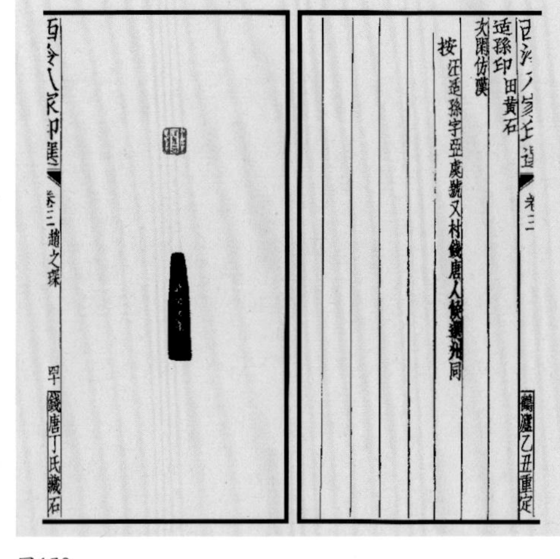
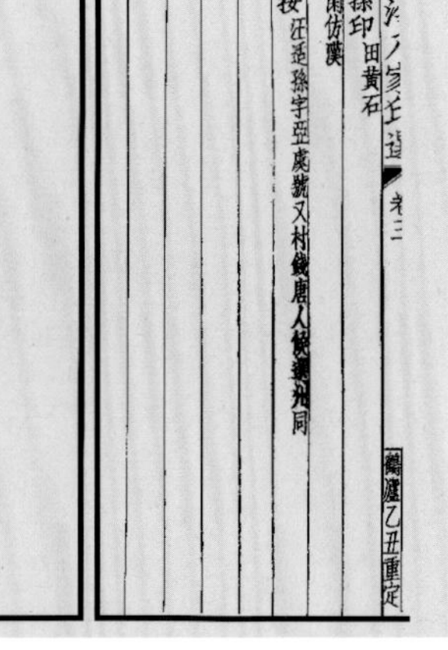

适孫印 田黃石
次閑仿漢
按 汪适孫字亞虎號又村錢唐人……同
鶴廬乙丑重定
卷三 趙之琛
錢唐丁氏藏石

图139

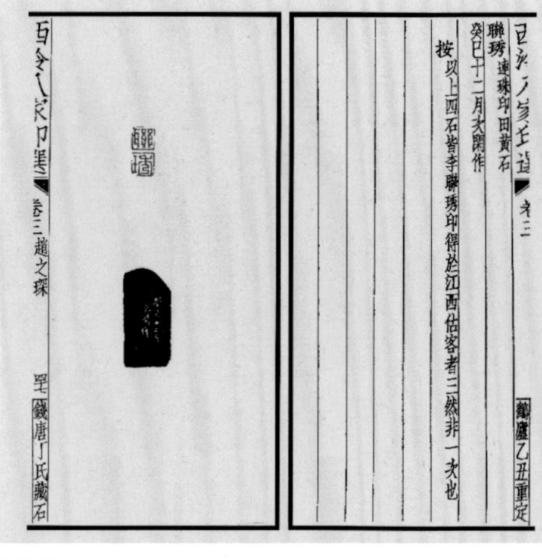

聯琇 連珠印 田黃石
癸巳十二月次閑作
按 以上四石皆李聯琇印得於江西估客者三然非一次也
鶴廬乙丑重定
卷三 趙之琛
錢唐丁氏藏石

图140

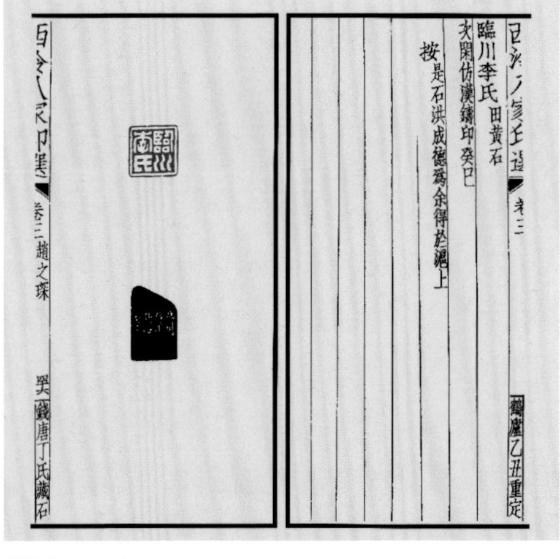

臨川李氏 田黃石
次閑仿漢鑄印癸巳
按 是石洪成德爲余得於滬上
鶴廬乙丑重定
卷三 趙之琛
錢唐丁氏藏石

图141

臣守知印 田黃石
叔蓋爲后安仿漢朱
鶴廬乙丑重定
卷四 錢松
錢唐丁氏藏石

图142

图143　吴昌硕像刻石拓片 任伯年画

独步艺坛，被推选为西泠印社首任社长，是我国近代美术史上引人瞩目的一位大师。平生有石癖，尤嗜好田黄石章。相传江南李筠庵曾以田黄章求篆，他刻罢却不署款，不忍心往石上动刀，恐伤石面。李欲加刻跋文，昌硕答道："如此佳材，何以加以黥玷？"后在石主的再三恳请下，不得已才选一处不起眼的位置刻"老缶"两个小字，以保持田黄印材的完整。惜石之心，可以想见。

光绪年间，吴昌硕曾受命出任安东县令。因不善逢迎，仅一个月即辞职，为此特刻一枚瓜鼠钮田黄石"一月安东令"方章。现中国印学博物馆内藏有吴昌硕生前自刻田黄石章十多枚，正是吴老珍爱田石的见证，其中包括"苦铁""一月安东令"等常用印鉴。（图143—图146）

因为吴昌硕爱石成癖，还曾蒙受过不白之冤。在陈亮伯《说印》中几次提到吴昌硕干没藏家田黄石事，例："未几，尚古之石（田黄），归于薛某……今已为彼佛及吴昌硕所干没。"又说："昌硕干没彦复之佳石极多，兹二石（指二方高三寸、宽寸许的大田石稀世珍印）亦不得免焉。昌硕能诗而性贪，其与彼佛并为风雅之蠹

图144　吴昌硕篆刻“一月安东令”田黄自用章 杭州中国印学博物馆藏

图145　吴昌硕篆刻“苦铁”田黄自用章 杭州中国印学博物馆藏

图146　吴昌硕自用田黄印章 杭州中国印学博物馆藏

图144

图145

图146

贼。”云云。

以上激烈的措辞，其中到底有多大的可信度，读者不得而知，更无从查考。况且陈之《说印》乃依所忆追记，并未定稿，直至1928年由崇彝整理并补充后才印行成书。

20世纪末，笔者在新加坡一本杂志上见到著名掌故学家郑逸梅的一篇题为《石不言亦可人》的文章，对吴昌硕干没田黄之事持不同观点，将事件经过叙述甚详，兹录于后：

江浦陈寂园藏田黄等很多，听得朱曼君考廉一再称昌硕刻印一时无双，便把佳石请昌硕镌刻。岂知那时昌硕榷税枞阳（安徽地名），适逢大水，所有图书箧简都付诸洪流，昌硕又复患病，由他妻子扶他出险，觅舟离皖，身外之物势不能顾及，因此朋好所求书画刻印，散失殆尽。但寂园不信，索之很急，昌硕写了一长函说明原因，并致歉意，寂园仍认为昌硕藏匿其石，在他所著的《寂园说印》一文中，对昌硕大加谴责。

郑逸梅所述吴老因天灾丢失田石倒也在情理之中，而寂园心爱之物旦夕之间化为乌有，为此耿耿于怀亦是可以理解，这桩公案却成了石迷们饭后茶余的话题。

梅绍武在《我的父亲梅兰芳》一书中说：1926年瑞典王储来到梅宅拜访京剧大师梅兰芳时，见书房博古柜里陈放一枚田黄石兽钮印章，十分欣赏，梅师闻知远方贵客精通中华文化，便持自己这件珍藏多年的心爱之物相赠。王储后来继承王位，将这枚田黄印玺当成传家之宝，由皇家博物馆收藏。事隔三十多年后，梅师爱女葆玥访问瑞典，国王接见她时，还特意说起这件旧事。

郑逸梅还在所著《艺林散记》中讲述了这样一段印坛轶事：上海已故印坛巨匠陈巨来先生每刻田黄石印时，总会小心翼翼地将刻下的石粉屑收集起来，装在小瓷罐里，不忍抛弃。友人不解其意，他说：“田黄石粉有止血奇功，篆刻时若遇有刀伤，只要在伤口敷上些许田石粉，立可止血。”

关于“田石粉可以止血”之说，并无科学依据。不过旧时曾有将寿山石取作肥皂、牙粉掺和料和糖面店掺假料的记载。笔者早年在石雕厂任职时，倒是有过亲身体验。彼时车间刻石产生大量石粉，大家取之涂抹颈项、腋下，夏日可防生痱子。

自清以来，民间有关田黄的神奇传闻层出不穷，偶有散见于文人著述、笔记之中。

龚纶《寿山石谱》记“俗传田黄至北方，虽隆冬泥印泥不冻”；陈子奋《寿山印石小志》亦说：“（田石）载之北方，印泥虽冻，印之立解。”此说源于清郭柏苍在《闽产录异》一书中所云：“（田石）盖地气挟土力所结者，故隆寒不泐。”

考田石埋藏田泥年久月深，受周围环境浸润，致使石质倍加温润，但绝不可能将田石的温度提升到足以溶解冻结印泥的程度。偶有这种现象也可能是藏家视田石为宝物，刻成印章随身携带，时时揣摩抚玩，冬日钤印时印石受人体温度影响略带暖气，再加上玩家在钤盖石章时喜欢手抚脸擦，又再置嘴边呵气后才沾印泥，以致给人“解冻”的假象。

清施鸿保《闽杂记》载：“英吉利人近以重价购求真田黄石，或言制作带版及帽花，可以避兵，如俗传哥窑片瓦，然不知果否。”

田黄石有止血解冻之功固不足信，说能避兵消灾亦为无稽之谈，还有传说乾隆皇帝每年元旦祭天都将一块大田黄摆在供案正中，以祈求江山万载国泰民安，更为离奇。然而，从中可以反映出人们对它的珍爱情感，也给田黄增添了几分传奇色彩。

世间流传吟颂田黄石的诗词也十分丰富。康熙举人查慎行《敬业堂诗集》收录寿山石诗歌两首，其中《寿山田石砚屏歌副相揆公属和》有“寿山山前石户农，力田世世兼养蜂。采花酿蜜自何代，金浆玉髓相交融。深埋土内久成骨，亦如虎魄结自千年松。想当欲出未出时，其气贯斗如烟虹。地示爱宝惜不得，飞上君家几砚为屏风”等句，脍炙人口。

乾隆举人郑洛英亦赋诗云：“别有连城价，此石名田黄。秋霜老柿子，红意成饴

图147　潘主兰甲骨文《游寿山诗》

饧。”

民国张俊勋在所著《寿山石考》中赞田坑曰：“无汲水之劳，千夫悚目。有兼金之宝，广厦聚族。无以名之，名之曰‘石帝’。骇走水坑、山坑，惶恐而臣服。”

现代金石家、书画家潘主兰有《田黄颂》七绝三首：

吾闽尤物是天生，见说田黄莫与京。可爱有三温净腻，绝非夸大匹连城。

何尝斑驳与玲珑，和璧隋珠比拟同。不是夜郎偏自大，称王原在众望中。

瑰宝天生剧有情，寿山举世早知名。水田得石坑何在，也许科研可发明。

1984年5月潘主兰与黄寿祺、吴味雪等诗人游寿山，赋诗数篇，其中一首吟云：“黄金比不寿山田，一石人争买万钱。云客西河有专录，至今犹得四方传。”（图147）

田石温润的质地，绚丽的色彩，在文人墨客的笔下，赋予了其人文的意韵。

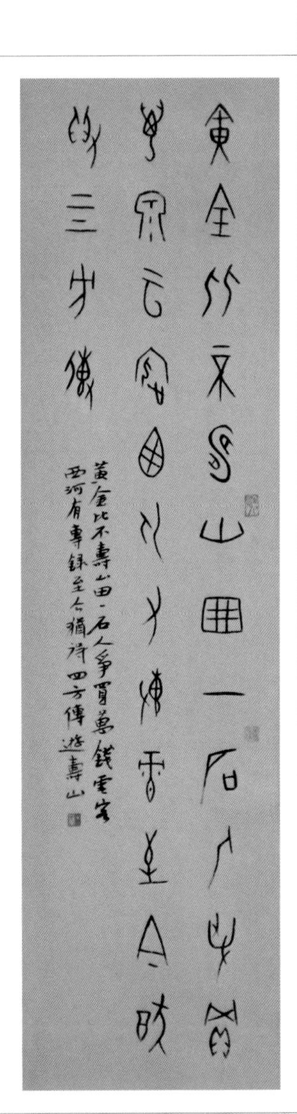

四、专家著述　品评田黄

古今金石鉴赏家对田黄宝石多有真知灼见，兹节录自清以来部分专家、学者著作中之精辟述论于后，以供同好研究参考。

清·康熙 毛奇龄《后观石录》：

（寿山石）以田坑为第一，水坑次之，山坑又次之。每得一田坑，辄转相传玩，顾视珍惜，虽盛势强力不能夺。石益鲜，价值益腾，而作伪者纷纷日出，至有假他山之石以乱真者。

清·乾隆 鲁曾煜等《福州府志》：

（寿山石）其品以田坑为第一，水坑次之，山坑又次之。凡官斯土及游宦往来者，争相寻觅。山之精华既竭，取之旧藏家，今亦不可得，价与珠玉等，而难得又过之。

清·乾隆 郑杰《闽中录》：

（寿山石）迩来人所争重者，白田为最，次黄石，次水洞，次艾绿，次党洋洞，次高山洞，次都灵坑，次芙蓉洞，次月尾紫，次奇岗。石之佳者大概有此数种。

原注：黄石，通黄如烂柿者佳，更有淡黄一种，间有红筋，亦他石所无。又有“连江”一种，质硬性燥，多裂纹，历久变黑色，裂亦益深，不堪持玩。初出时，人竟为其所愚。

清·乾隆 陈克恕《篆刻针度》：

（寿山石）大洞所产尚亚于田石……其白而明莹，黄而透熟者，价亦数倍。

清·乾隆 杨复吉《梦阑琐笔》：

张寒坪曰：寿山石以田黄为贵，田白次之。

清·光绪 郭柏苍《闽产录异》：

寿山石以“田石”为第一品，产于山田。无根而璞，盖地气挟土力所结者，故隆冬不泐，耕者偶得之。有黄、白、红、黑四色，重七、八斤多“硬田”。雕山水、人物备陈设，软润者不赀矣。（图148）

清·光绪 施鸿保《闽杂记》：

（寿山石）最上田坑，以黄为贵，近世所称“田黄”也。……明末时有担谷入城者，以黄石压一边，曹节愍公见而奇赏之，遂著于时。国初耿逆取之献京师权要，斫掘殆尽。……英吉利人近以重价购求真“田黄石”，或言制作带版及帽花，可以避兵，如俗传哥窑片瓦，然不知果否。（图149）

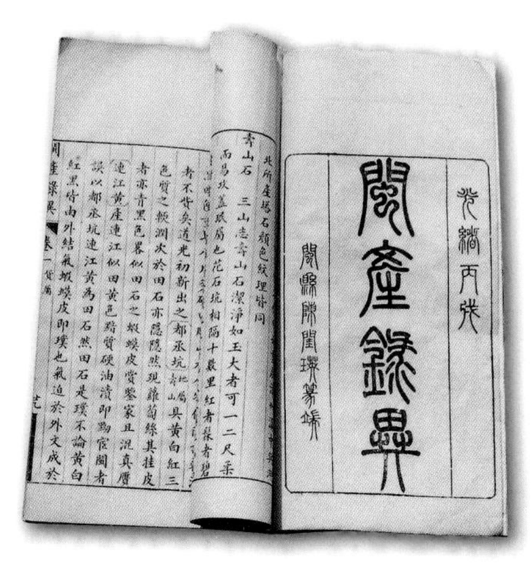

图148 清光绪 郭柏苍《闽产录异》书影

图149 清光绪 施鸿保《闽杂记》书影

现代·梁津《福建矿务志略》：

（寿山石矿脉）间有经风雨迁移，自矿床分离而散在于河床，并民田下部之基础岩层上，成块状，受金属及有机物种种之浸蚀，遂呈各种色泽者。如最贵重之田黄冻石，及溪蛋黄之类是也。……而分离散布于田土中者，则其铁质往往酸化，供冻石着色之用。

现代·陈亮伯《说印》：

近来田黄之佳者，价至每石一两换银四十余两，而田白一种，尤不经见，多以鱼脑石及寿山石之细腻者冒其名称，可笑也！

……

田黄纹理莹细，而石质中往往有大小墨点，并非砂子碍刀者可比，乃弥觉其古润也。

……

初日本人以重价购鸡血昌化，今则西妇颇购“田黄”矣。文人学士之所珍玩者，一旦骤抉藩篱，而珍粹尽焉。……是以田黄精品，加以国工之追琢，大半作贡天家，而巨邸主第之标榜风雅者，又皆赞戴以去。其流入三家村学究手中者，千百中曾不得一二。

现代·崇彝《说印（补）》：

所谓金裹银者，余年来所见二章，皆精制也。一作双羊钮，老羊舐羝，而顾盼如生，髯尾俱作细纹，头角峥嵘可喜。印微作长方式，满身芦菔花纹，下半纯白，钮以上黄、白相间，重五两余。其一腰圆式，钮作双螭，互相盘拿，须爪缭绕，谛观之，始辨其为二，绝不相混。通体黄、白相间，白如脂，黄如栗，二色相萦而不相紊，亦奇品也。

……

昔年内城收藏家藏田黄最富者，首推延树南宗伯（煦），其次则绍葛民方伯（诚）。宣

图150　现代 龚纶《寿山石谱》书影

南士夫则以景剑泉阁学（其濬）为最，以其既精且多焉。盛杏孙所收亦夥，不过以赀雄耳。

现代·龚纶《寿山石谱》：

“田石”所产地，散在寿山乡一带水田底古砂层上。然非凡属寿山乡之田，皆出田石也。其田不经寿山溪灌溉者，即隔丘上下竟无所产，亦一异者。

……

凡知寿山石者，盖无不知有“田黄”。所值，即视其色之深浅、明暗、纯驳而定。向来有与黄金同价之说，以今言之，殆或有过。

……

“红田”之所以难得者，盖由此种非天然产物。土人传言：凡山田经烧，其中“田黄”受火袭变而为红，然火候不及，则不变，太过或焦枯粉碎，故以适然为难也。吾尝以小田黄炉火中试之，其璞变成浓黑，内质果能转红，则俗传殆不甚谬。然多浑实，莹澈尤罕。（图150）

现代·张俊勋《寿山石考》：

（田石）品分上、中、下、碓下四坂，中坂最贵。质细而全透明，其令人夺目者，如隔河惊艳，地凝润。色首橘皮黄，次金黄、桂花黄、熟栗黄、枇杷黄，中牵萝卜纹。又“白田”，出上、中坂。“黑田”，出下坂，有黑皮、纯黑之分，皆不及“田黄”。而“田黄”中唯橘皮黄，四方者，两以上，易金三倍。余视成色高低而定。

……

各种石之难于摹拟者，如田黄：金黄一种，黄琮祭地，一代真王；桂花黄，木樨夜静，微闻香气；枇杷黄，芦橘夏熟，肌理密甜；橘皮黄，橘冻经冬，皮光可洞。（图151）

现代·陈子奋《寿山印石小志》：

“田石”质极嫩，中有萝卜纹。间生红格，或裂痕，乡人所谓：无格不成田也。究之，格为石病，有格者自非上品。色分黄、白、红、黑四种。

……

溪管所出，“田黄”特多，溪流激荡，声若管弦，石蕴其中，得水浸润，莹澈罕比。有浓红、浓黄、微黄及暗黄各色。又有质不透明而颇坚硬者，是其下品。（图152）

图151　现代 张俊勋《寿山石考》书影

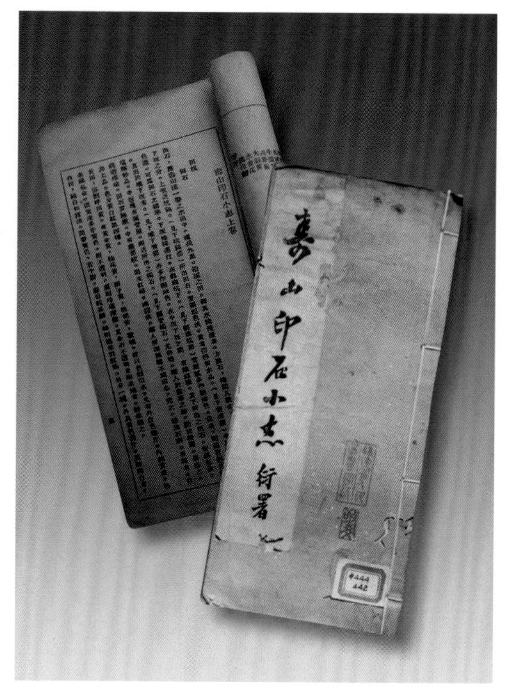

图152　现代 陈子奋《寿山印石小志》书影

现代·赵汝珍《古玩指南》：

普通之寿山石，仅数元之值。田黄则自出世以来，即高黄金之一半，如黄金价20元一两，田黄须30元一两；金价贵至400元一两，田黄则须600元一两。田白尚较田黄为贵，且均以两计。足征其可贵也。

……

田白，精似羊脂玉，偶有红筋如血缕。即高云客所云：皎洁则梁园之雪，温柔则飞燕之肤，使人入手心荡。

田黄，通黄如烂柿者佳。更有淡黄一种，间有红筋，亦他石所无。又有连江一种，质硬性燥多裂纹，历久变黑色，裂亦益深，不堪持玩。初出时人竟为其所愚。

现代·潘主兰《寿山石刻史话》：

没有一个篆刻家不知道福州有寿山石，更没有不知有田黄石，福州寿山石便是因为有田黄石而闻名于社会上。当明代末叶时候，寿山石刚开始渐露头角，篆刻家便重视到田黄石了。像何震于万历甲辰（1604年）刻的“清琴浊酒”一方印章，据说就是田黄冻。

……

人们有这样传说：“田黄石价值是按其重量与黄金等价计算。”实际上它比黄金价值还要高。最初田黄石重一两，价值银6两，以后上升到40两，不久，又突飞猛涨。像甲午、庚子以前，北京售价，石重一两，已到300及400元之间了，不是比黄金还要贵得多吗？正好说明质量愈优，价值就愈高，而豪夺之风就愈炽，而商人就愈居奇。

再观甲午、庚子两度之变以后，当官的老爷们因为薪俸减低了，在北京历劫犹存的田黄石，有时流入厂肆，不是为豪门更有力者抢购去，便为东、西洋商人特别是日本人视同奇宝，不惜以高价购去。

田黄石的开发与市场

一、上下五百年　三度掀高潮

田石是在何时被发现、采掘并用作雕刻艺术品材料的，目前尚没有充分的证据来判定。考证田石的开发年代，不能简单地与寿山石开采历史混为一谈，虽然早在1500多年以前就已有寿山石雕出现，然而直至明清之际“田石”一名仍未见于关于寿山石的文献记载。

在民国六年（1917年）福建省财政厅刊行的《福建矿务志略》一书中说：“明太祖时，相传曾派宫中内监驻节寿山，专采田黄以充宫廷之用。”后来龚纶《寿山石谱》等著作亦沿用此说。

笔者早前在寿山采风时，也曾听到一则有关明太祖的故事，说朱元璋年轻时行丐流浪入闽，在九峰寺出家，遭老僧欺凌，愤而出走参加农民起义，登基后为报旧恨，传旨焚寿山“九寺”，其中就包括九峰禅院。

考相关史料，朱元璋无论是在落魄之年还是登基称帝以后，均没有来过福建。查明代文献，亦无有关派内监到寿山采掘寿山石的记载，更不用说“专采田黄以充宫廷之用”了。再从故宫博物院现藏明代御用玺印来看，虽有部分寿山石质，却找不到一方田黄石。故这类民间传说不足征信。

不过，从寿山广应院遗址上挖掘到古代寺僧所藏寿山石材及雕刻品中，可以见到一定数量的田黄石。这些出土实物为我们研究田石采掘年代提供了有力的证据。

广应院位处寿山村口旗山之麓，面临中坂田段，创建于唐光启三年（887年），宋元明期间曾经历过几次兴废，至明崇祯年间（1628—1644）寺毁于火，此后不曾重建，故址留下一片废墟称“寺坪”。

当广应院兴旺时期，僧侣在佛事之暇，就地取材，凿山掘田采集寿山灵石，制器造像雕刻艺品，馈赠四方香客。寺毁之时，藏石埋入土中，后人偶有挖掘出土，命名为“寺坪石”。

明徐𤊹于万历年间游寿山寺时，见衰败的古刹仅剩下方丈室，满院杂草丛生，唯见山农趁着雨后初晴在土层中寻觅“寺坪石”，触景生情，赋《七律》一首，云：“宝界消沉不记春，禅灯无焰老僧贫。草侵故址抛残础，雨洗空山拾断珉。龙象尚存诸佛地，鸡豚偏得数家邻。万峰深处经行少，信宿来游有几人。”

高兆《观石录》记载：“至今春雨时，溪涧中数有流出，或得之于田父手中，磨作印石，温纯深润。”毛奇龄《后观石录》亦云：“有寿山寺僧于春雨后，从溪涧中拾文石数角，往往摩作印，温润无象……”所说溪涧所拾得的寿山石矿块，显然指的就是出露于田埂、溪底的田石，即今所称“搁溜田石”而非山坑、水坑洞产矿石。

从以上文献记载，结合出土文物，足以证明田黄石始行挖掘年代应在明代或更早。只不过早期田石并不为世人所重视，在那个以石色命名寿山石的历史阶段，通常将田黄石混同山坑挖掘的黄色独石而统称为“黄石”罢了。

清施鸿保在《闽杂记》中有这样一段记载：“闽人言，明末时有担谷入城者，以黄石压一边，曹节愍公见而奇赏之，遂著于时。”

曹节愍公名曹学佺（1573—1646），字能始，号石仓居士。福建侯官（今福州市）人。明万历进士，历任四川右参政、按察使及广西参议等职。期间，因遭蜀王中伤及撰《野史纪略》得罪魏忠贤党，被污为“私撰国史，淆乱是非”，两度削职返乡家居二十余年。筑石仓园，藏书万卷，与诗人徐𤊹等结社唱和，嗜好鉴藏寿山石，特别推崇田黄，又创剧社“儒林班”，为闽剧鼻祖。当明亡唐王在闽中嗣帝期间，被授太常寺卿、礼部尚书，至隆武二年（1646年）清兵入闽，自缢殉国，死前留下绝命联：“生前单管笔，死后一条绳。”

曹学佺其才华名列“闽中十才子”之首，一生著作甚丰，有《石仓诗文集》《蜀中广记》等盛行于世。施氏所记“闽人言”大约为发生于明末清初之事，此时田石虽尚未著名，但已开始得到文人的青睐，亦在情理之中。如今传世明末名家篆刻石章中，也曾发现田黄石质。

“田坑石”作为寿山石坑类的名称，最早出现于寿山石历史文献的当属康熙二十九年（1690年）毛奇龄的《后观石录》。毛氏在文中品寿山石“以田坑为第一，水坑次之，山坑又次之”。还赞道：“每得一田坑，辄转相传玩，顾视珍惜，虽盛势强力不能夺。”自此确立了田石在寿山石乃至印石中的地位。

在有史可考的五个世纪的田石开发历程中，也并非一帆风顺，永盛不衰，期间经历了三次挖掘高潮，分别是：

1. 第一次高潮（清康熙年间）

清兵入关时，明将耿仲明降清，遂被封为靖南王。顺治年间子继茂袭爵由粤入闽，康熙十年（1671年）耿精忠嗣位镇守福建。

康熙十二年（1673年）皇帝下令撤藩，翌年吴三桂发动反清叛乱，耿精忠在闽起兵响应，扣押福建总督范承谟，自称总统兵马大将军。朝廷派康亲王杰书率兵南下讨伐，于康熙十五年（1676年）八月攻克福州，耿精忠见大势已去，遂袒身露体出城投降。

在耿氏父子据闽期间，凭借手中权力大肆开采寿山石，挖掘田黄石，除供自己享用之外，还作为贡品进献宫廷，以博得皇上欢心，致寿山出现了田黄石开发以来的第一次挖掘高潮。更由于官府操控，层层盘索，令石农苦不堪言，造成山空田废的悲惨局面。这一境况在当时的文献、诗赋中曾有大量描述。

明末清初著名学者朱彝尊（1629—1709）和清康熙举人查慎行（1650—1727）都亲眼目睹了这段时间耿继茂、耿精忠逼民取宝的情景，并赋诗揭露。

朱彝尊《寿山石歌》：“……桂孙见之不忍释，裹以黄葛白蕉衫。伏波车中载薏苡，徒令昧者生讥谗。况今关吏猛于虎，江涨桥近须抽帆。已忍输钱为顽石，慎勿轻露条冰衔。”

查慎行《寿山石歌》：“初闻城北门，日役万指佣千工。掘田田尽废，凿山山为空。昆冈火连三月烽，玉石俱碎污其宫。况加官长日检括，土产率以苞苴充。”

当时担任福建总督的范承谟家藏田黄等寿山珍贵印材甚丰，据冯少棢《印识》记载，闽人许旭雕刻天禄、辟邪、狮虎各钮精如鬼工，曾被范承谟请到寓中为其制钮。耿精忠起兵谋反时范承谟被幽禁土室三年，于康熙十六年（1677年）死于牢中，生前藏物亦尽被耿氏掠夺。

康亲王平叛后，也对寿山石特别是田黄垂涎三尺，对于耿氏施行的“掘田凿山”苛政不但没有丝毫收敛，反而变本加厉搜刮田黄宝石中饱私囊，据《后观石录》记载：“自康亲王恢闽以来，凡将军督抚，下至游宦兹土者，争相寻觅。”

清代康、雍、乾三朝田黄石进入巅峰时期，上至王室贵胄，下至文士庶民，无不视田黄为宝，收藏珍玩。

这个历史阶段的田黄石雕刻艺术可分为宫廷和民间两大体系。宫廷艺术以御制玺印和帝王玩赏品为主，由宫中造办处依照皇帝旨意创作，技艺繁缛华丽，体现皇家风范。民间雕刻艺术则迎合达官显贵、文人墨客的需求，造型浑厚，刀法简约，讲求手感，适合玩赏。

2. 第二次高潮（清末民初）

清道光二十二年（1842年）英国侵略中国的鸦片战争，在清统治者卖国投降签订丧权辱国的《中英南京条约》之后终告结束。按照这一不平等条约，清廷开放了广州、厦门、福州、宁波和上海五个通商口岸。福州成了东南沿海进出口贸易的重镇，原以帝王、士大夫阶层为主要对象的寿山田黄宝石，也开始逐渐引起西方上层人士的兴趣，纷纷搜购田黄以标榜风雅。《闽杂记》载："英吉利人近以重价购求真田黄石。"《说印》也说："今则西妇颇购田黄矣。"

近代玉石收藏家刘大同在所著《古玉辨》中称：明清至今，田黄"价值超过玉者百倍"。

晚清闽中寿山石鉴藏家以龚易图和陈宝琛最负盛名，世有"北龚南陈"之美誉。

"北龚"，名易图，字蔼仁，号含晶（1835—1894，或说1830—1888）。福建闽县（今福州市）人。出身于官宦世家，工诗文，擅书画，通禅理，习星卜，嗜好藏书。咸丰九年进士及第，选为翰林院庶吉士，后任山东济南知府。光绪初年历任江苏、广东按察使及湖南布政使等职，官至正三品。在光绪十一年调任湖南布政使时，被弹劾革职，结束宦海生涯。

龚氏归隐林泉之后，在位于城北的老宅增建一座规模宏大的园林式府邸，题额"三山旧馆"，故有"北龚"之称。又在城内置双骖园、武陵北墅和芙蓉别岛等数处别苑，日邀知好以诗酒娱乐园中，过着悠游享乐的惬意生活。他在翰墨之暇，酷爱篆刻艺术，热衷于收藏古籍和寿山印石，与篆刻大家黄士陵交往甚笃。黄氏为他镌刻大量印章，其中一枚田黄石"餐霞仙馆"方章是他的最爱，常用以钤盖书画作品。

因其宅院正对榕城北大街，乃通往寿山必经之道，石农进城贩石都先到他府上歇脚，龚氏每遇见佳品都不惜以重金求购。

龚易图藏石既富，品鉴钮艺亦精，聘请各门派雕师雕制印章、文玩，潘玉茂兄弟及林谦培等石雕高手皆为其常客；他曾赋《寿山石》长诗一首，洋洋两百余言一气呵成，收入

《乌石山房诗存》中。

龚老临终弥留之际将平生搜集的寿山石连同祖上一件商周玉璋传与长子晋义。晋义受教于父，耕读诗书，以“石癖”自居，在先父遗藏石章的基础上继续寻觅珍石，累计达百余枚，号称“百宝章”。晋义于光绪二十八年临终前将此传家宝再传尚在襁褓中的独子龚钺。

“百宝章”伴随着龚钺成长，不论旅欧求学，出任驻法使节，还是东渡日本担任国民政府驻日代表团委员，这套传家宝就像影子般随身携带。新中国成立后龚钺毅然回国，先后担任江苏省法学会副会长、政协法制组副组长和南京市文物管理委员会委员等职。20世纪末，耄耋之年的他将这套祖上珍藏的寿山石章捐献给南京市博物馆。其中部分收录于南京市博物馆编《南京市博物馆藏印选》的田黄石就有近十件。（图153—图156）

图153 田黄石浮雕衔芝龙纹长方章 南京市博物馆藏

图154 田黄石螯钮扁形章 南京市博物馆藏

图155 田黄冻石夔龙纹博古钮扁形章 南京市博物馆藏

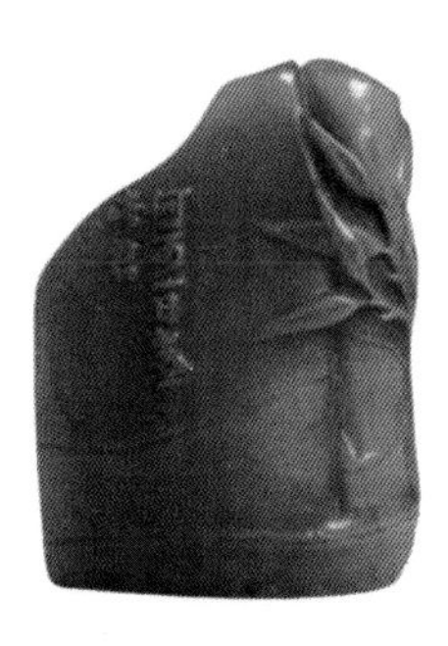

图156 田黄石浮雕竹节随形章 边款行书：“何可一日无此君” 南京市博物馆藏

图157 “北龚”龚易图画像 丁梅卿绘

“南陈”，名宝琛，字伯潜，号弢庵（1848—1935）。福建闽县（今福州市）人，世居螺洲。陈家祖上有“父子叔侄兄弟同榜进士”的辉煌，到了陈宝琛这一代，则有“兄弟六科甲”的显耀。曾祖陈若霖道光年间任刑部尚书，因刚正不阿，嫉恶如仇，具包公遗风而为后人所敬仰。

陈宝琛，同治七年（1868年）中戊辰科进士，授翰林院编修，历任翰林院侍讲、江西提督学政、内阁学士兼礼部侍郎衔等职，为晚清清流派主要人物，以直言敢谏知名。光绪十年（1884年）母林夫人疾终丁忧回籍，翌年遭部议降五级调用，适丁母忧期间，遂不复出，此后“闲放之岁月，遂假吟咏自遣”，至宣统元年（1909年）奉诏入京补授毓庆宫皇帝授读，始为“帝师”。民国后仍以“帝师”身份留宫中，跟随溥仪直至1931年力阻溥仪赴东北建立伪满洲国，并拒绝出任伪职。晚年寓居北平。

陈宝琛对比自己年长十余岁，也早十载出仕的同乡龚易图一直以前辈尊称，曾咏诗云：“百年桑梓论耄献，循吏儒林是我师。时棘诏求兵事策，奚余人诵去思碑。犹怜大用生方靳，却羡潜盘入仕迟。 鸿雪满前原亦寄，萧条乍喜见须眉。”对其推崇备至。

龚、陈二人在闽期间，出于共同嗜好，交往密切，时时唱和，常聚书斋观赏寿山珍石。陈宝琛特别欣赏东门派创始人林元珠雕艺，特意请他到府中为其刻石。暮年离乡，所

图158 “南陈”陈宝琛官服留影

藏古籍、寿山石散失不少。（图157、图158）

延至民国，失去政权的清皇族大臣和遗老遗少们，收藏玩赏田黄石的嗜好有增无减，而军阀政要、富贾买办等新贵也以拥有田黄石作为他们身份的象征，一时间田黄石成了官场、商界交往中最体面的礼品。社会的需求再度激起挖掘田石的第二次高潮。

陈亮伯在《说印》中自谓收藏田黄珍品数十方，还介绍：淮军席平乱之赀，子弟颇尚风雅，李文忠兄子惺吾太史（经畬）及周武之子菉阶者，搜罗田黄甚富。

田石作为二次生成不可再生的珍贵宝石，蕴藏地域十分狭窄，分布零散，资源稀缺，历数百年不断翻田搜掘，终难满足不断扩大的市场需求，于是时有出现用山坑之石冒充田石，或以人工伪制田黄等作假现象。晚清时，寿山新出连江黄石，外观颇似田黄，市肆用其混冒田黄的情况颇为普遍，郭柏苍在《葭跗草堂集》中记之甚详：“连江黄，出连江，似田石，色黯质硬，油渍即黝。宦闽者误以田石珍之。然田石是璞，此是片片云根，可伏而思也。”

田石身价的骤升，也引发了地质学家们对其成因及矿质的科学研究。民国六年（1917年）国民政府农商部选派福建财政厅技术员梁津，深入矿山勘察研究，编成《福建矿务志略》，书中对田黄石的生成过程作如下描述：（寿山石）间有经风雨迁移，自矿床分离而散在于河床，并民田下部之基础岩层上，成块状，受金属及有机物种种之浸蚀，遂呈各种色泽者，如最贵重之田黄冻石及溪蛋黄之类是也。

民国二十六年（1937年）福建省建设厅编印《矿务汇刊》（第壹号）中收录李岐山的一份调查报告称：“（寿山田黄等印石）至于民国，尚承清世，日有所产出，第凿掘情况，皆由土民任意为之，故开采之方尚待讲求者也。”梁津在《福建矿务志略》中，则提出成立公司科学开掘的设想，称：“公司有定，产额必增，产额既增，畅销亦易。而矿产税项亦可酌量征收。吾人开其利源，而取其赢余中之利子，亦次无损于国民之生计也。”

可惜学者们的这些雄略大志却因日寇的入侵化成了泡影，田黄石的故乡——福州，分别于1941年和1944年两度沦陷，寿山石开采、雕刻业处于停顿状态，更不用说田黄这种稀缺宝石的挖掘了。

在此期间，《中央日报》（民国三十四年五月十八日刊登）记者何敏先三次前往寿山调查，在其所著《走遍林森县 · 闽侯县乡土特辑——名扬中外的寿山石》中记道："目下兼操此副业者很少，走遍全村还没有几家，景况极为萧条。"

3. 第三次高潮（20世纪80年代）

20世纪80年代，历经十载的"文化大革命"终告结束，国家实行改革开放政策，迎来

图159 1980年在广州举办的"福州市工艺美术展销会"上，百克田黄售万金 丁梅卿绘

图160—1　这块重121.5克的田黄石被美国教授以13999元购得，开创了田黄石的新纪元

图160—2　1980年11月20日《羊城晚报》剪报

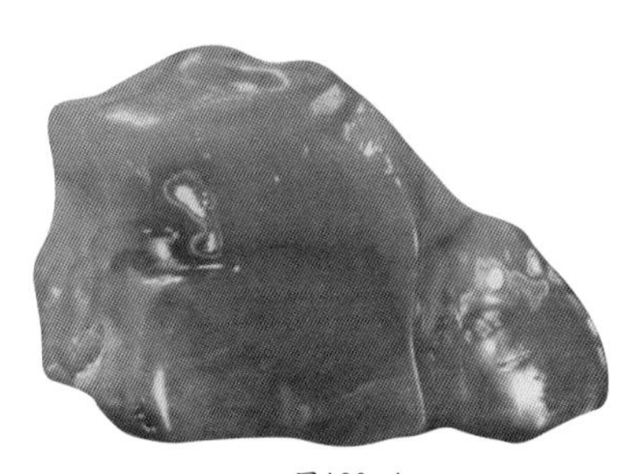

图160—1

了经济发展的大好形势。

1980年，在广州文化公园举办的一场“福州市工艺美术展销会”上，一枚高3.4厘米，重121.5克，形态自然，质地纯洁，色如枇杷，未经雕琢的田黄璞石，以13999元的天价被前来中山大学进行学术交流的美国加利福尼亚大学美术史副教授包华石先生购得。一石激起千层浪，此举打破了半个世纪以来田黄石有价无市的局面，开创了田黄石的新纪元，大大突破了清时“逾金迈玉”“易金三倍”的传统市场价格。

这一消息于11月20日经《羊城晚报》以《名贵寿山石价值逾万元，美国副教授重金买田黄》为题报道，并经《福建日报》等媒体转载以后，久被人们淡忘的田黄石重新受到海内外收藏界的重视，瞬间引发收藏田黄石的新热潮。在寿山，时逢贯彻农业责任制改革，实行包产到户，村民分得土地后便在承包的责任田上挖掘觅宝，出现了百年未见的热闹场面。（图159、图160）

据当时福州市委宣传部出版的内部刊物《福州通讯》发表的一篇署名作辑的调查报告称：“我们在去北峰寿山矿区路上，看到许多农民在山溪中、田里挥锄挖一种名贵的寿山石——田黄。据说，前些日子，一天有三四百人在挖。”

1982年6月，福州市工艺美术局在呈报市政府的一份《关于寿山石开采、加工和销售情况报告》中这样写道：“去年贯彻农业责任制实行包产到户后，掀起一场挖田黄石热潮。私人开

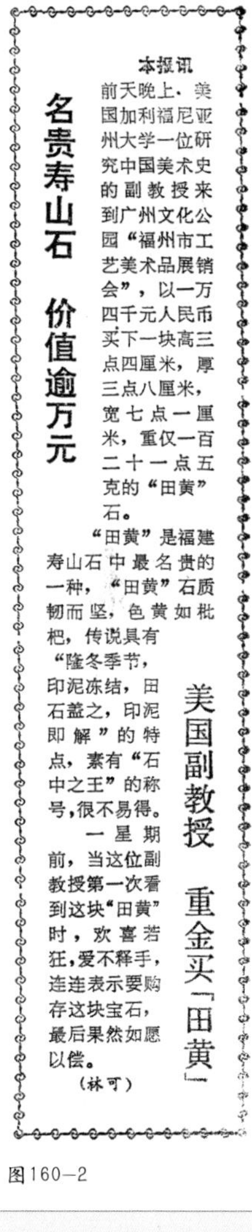

名贵寿山石　价值逾万元

美国副教授　重金买「田黄」

本报讯　前天晚上，美国加利福尼亚州大学一位研究中国美术史的副教授来到广州文化公园“福州市工艺美术品展销会”，以一万四千元人民币买下一块高三点四厘米，厚三点八厘米，宽七点一厘米，重仅一百二十一点五克的“田黄”石。

“田黄”是福建寿山石中最名贵的一种，“田黄”石质韧而坚，色黄如枇杷，传说具有“隆冬季节，印泥冻结，田石盖之，印泥即解”的特点，素有“石中之王”的称号，很不易得。

一星期前，当这位副教授第一次看到这块“田黄”时，欢喜若狂，爱不释手，连连表示要购存这块宝石，最后果然如愿以偿。

（林可）

图160—2

图161　寿山石农挖田觅宝场面

图162　2000年4月24日福州市人民政府令（第18号）

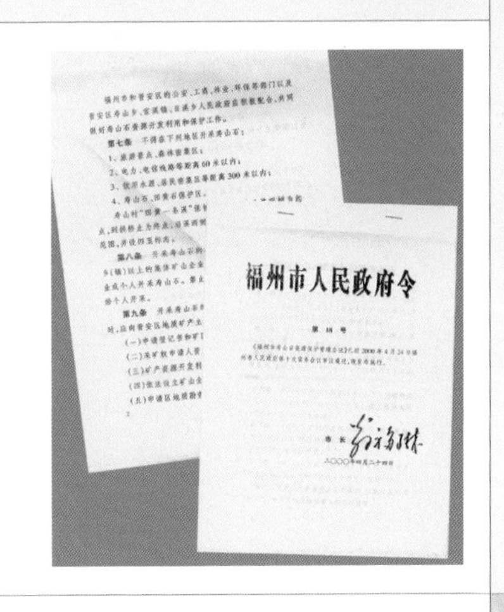

福州市和晋安区的公安、工商、林业、环保等部门以及晋安区寿山乡、宦溪镇、日溪乡人民政府应积极配合，共同做好寿山石资源开发利用和保护工作。

第七条　不得在下列地区开采寿山石：

1、旅游景点、森林密集区；

2、电力、电信线路等距离60米以内；

3、饮用水源、居民密集区等距离300米以内；

4、寿山石、田黄石保护区。

福州市人民政府令

采田黄石等珍贵石占（全村）人数70%以上。（图161）

按当年郊区“革委会”统计：寿山大队（现寿山村）人口为158户，共938人。以此计算，用“倾村而出”来形容那个时期寿山挖采田石的情况，应不为过。

20世纪80年代初期，出产的田石不但数量十分可观，而且块度大、品质佳者亦不在少数，略举几例。

1980年至1983年，有：王天水挖得一块，重1200克；林月水挖得一块，重800克；陈永宝挖得一块，重750克；黄立财挖得一块，重400克；王人和挖得一块，重1150克；王春元挖得一块，重1000克；黄充斌挖得一块，重1100克。

1983年12月9日《羊城晚报》载：寿山石农在田中挖到一块形如蛤肉状，色近枇杷黄，质地润腻，重达4.3斤（以市斤计）的大田黄石，堪称稀世之宝“田黄王”。

在利益的驱使下，田石的采挖曾一度出现开发无序、管理不力的混乱局面，一些因为田地的归宿问题而产生纠纷、斗殴的事件也时有发生。有鉴于此，福州市人民政府为保护宝石资源，严禁滥采，规范管理，于2000年4月颁发第18号政府令《福州市寿山石资源保护管理办法》，在这份地方政府法规中圈划田黄保护区（俗称两亩地），明令严禁在此区域内挖掘田石。按照管理办法第七条“（四）寿山石、田黄石保护区”中规定：“寿山村‘田黄一条溪’保护区，以上游三株琛树为起点，到拱桥止为终点，沿溪两侧各50米为‘田黄石’保护区范围，并设四至标志。”（图162）

文件下发之初，由于在实地未设置明显标志，禁令仍挡不住个别利欲熏心的盗宝者的偷挖觅石行径。

2006年7月12日《海峡都市报》刊登记者关永辉一篇题为《盗宝者盯上最后两亩田黄》的采访文章，呼吁政府采取有力措施，保护这块田黄石处女地。近年来在相关部门的组织下，联合执法，加强规范管理，违法滥采的现象始得制止。

新世纪伊始，在省、市领导的重视支持下，晋安区政府制定《寿山石文化村建设规划》，择址田黄溪下坂段建造中国寿山石馆和田黄公园。动工初期，农民趁翻土打桩之际觅得一批优质田石。2002年后堂馆、公园落成，下坂溪畔自然也成了田黄护宝之地。

寿山田坑上、中坂溪田历经数百载反复搜掘，加上政府施行严厉的禁采措施，田石资源已几近绝产。近年来石农移师碓下坂段挖土取石，甚至爆破溪畔巨石，在岩下寻觅田石，让沉睡数百万年的瑰宝重见天日。该区域地险水急田园稀，古时少有觅宝者问津，旧志书多有“碓下坂所出，色似秋桂黄一种，质亦次于中坂”；“碓下坂亦偶出田石，唯往往作桐油色，凝腻灰暗，似下坂田而逊之”等评语，给藏家留下田石“重中坂而轻碓下”的印象。究其田石成因，出自同一母矿，仅仅是埋藏位置不同而已，岂能以坂段分贵贱？综观当今碓下所出九友、白沙滩田石等佳品，其品质亦不在中坂之下，便可明证按坂分优劣是没有根据的。

二、田石贵黄金　一路价飙升

当明代末叶田黄石初露头角之时，田石便受到金石鉴藏家的青睐，在京都、吴中古玩市场，达官显贵争相购藏，身价百倍。延至清初，随着石价不断攀升，采掘愈甚。毛奇龄《后观石录》记：“至康熙戊申，闽县陈公越山，忽赍粮采石山中，得妙石最夥，载至京师售千金。每石两辄估其等差，而数倍其值，甚有直至十倍者。”陈越山名日浴，字子槃，是清初闽中文士、寿山石收藏家，据其友高兆在《观石录》中记述所见陈越山珍藏20余枚寿山珍石“美玉莫竞，贵则荆山之璞，蓝田之种；洁则梁园之雪，雁荡之云；温柔则飞燕之肤，玉环之体，入手使人心荡。”更值得一提的是陈越山不单对收藏独具慧眼，还有经营头脑，能深入寿山采集珍石运到各地推销贩卖，既让众多名流学士认识闽中珍宝，自己也从中获得可观的赢利，出现“石益鲜，价值益腾”的景象。令人惋惜的是，晚年的他却贫困潦倒，藏石散尽。

乾隆《福州府志》载：“（寿山石）其品以田坑为第一，水坑次之，山坑又次之……价与珠玉等，而难得又过之。”世有“黄金易得，田黄难求”之说。

梁津《福建矿务志略》也有“田黄、艾绿二种自明以来已成稀有之品，价与金玉相埒，或为其八九换”的记载。可见田黄价逾金迈玉之说早有定论。

清时京城经营田黄石章的商店主要集中于琉璃厂一带。琉璃厂位于京城崇文、宣武，因元时建城在海王村建琉璃窑烧制成品而得名。多有官吏致仕后在此择居，以文会友，交流书画，遂发展成古董文玩集市。乾隆年间朝廷开馆纂修《四库全书》，琉璃厂沿街碑帖书印店肆空前兴隆。翁方纲《复初斋诗注》记：“诸臣每日清晨入院，设大厨，供茶饭，午后归寓，各以所校阅某书应考某典，详列书目，至琉璃厂书肆访之。”毛奇龄的寿山石鉴赏著述《后观石录》亦被收入《四库全书》之中，田黄石更成了这里古玩店争相经营的印石珍宝，著名的商号有：

德宝斋，咸丰九年（1859年）由山西人刘振卿创办。振卿幼攻四书五经，精于田黄鉴定，被誉为“市人中风雅者也”。陈亮伯《说印》称：“甲午以后，余在德宝、英古两斋得田黄亦不少，尤以德宝为胜。”据传德宝斋曾受道光进士、著名印章收藏家陈介祺后人委托，代为销售“万印楼”珍藏印章。

英古斋，同治六年（1867年）由山西人王德凤创办。德凤字梧冈，以鉴定、经营田黄、鸡血印石而闻名文玩收藏界。其在英古斋半个多世纪的经营期间，历清代、民国和日伪几个历史阶段，接待大批王爷贵族、朝廷大员、民国官吏、汪伪要员。有资料表明，日本侵华时，伪“中国联合准备银行”总裁汪时璟在英古斋购买大量田黄、鸡血，其中部分珍品作为礼品馈赠上司。据陈亮伯《说印》回忆：曾向王梧冈购买田白印石六大方，每方约重七八两，狮钮，工致异常，润腻如截肪，均有芦菔花纹，腠理缜密，云斑水晕，为生平仅见，篆刻“郑亲王宝”等字。

荣宝斋收藏田黄石珍品颇多，其中有篆刻《和硕怡亲王宝》《冰玉道人之章》大田黄对章一副，每枚高8.5厘米，边长7厘米，做工精良，肌理萝卜纹清晰，色油黄若凝脂欲滴。

尚古斋创于1913年，所售田黄佳品多为京内巨邸所藏之物。经理鉴定印章富有眼力，田黄石只要用手掂量即可知道。

陈亮伯《说印》中对亲见清末民初北京古董市肆销售田黄的价格记录颇详，大致可以反映当时的市场价值。

“余与吴彦复初入京……每石一两，价自六两至十五两而止。”

“近来田黄之佳者，价至每石一两换银四十余两，而田白一种，尤不经见。”

从以上两段文字，可知在短短的时间里，石价竟翻上几番。

崇彝在整理陈亮伯《说印》一书时，作“说田石补十二则”，介绍民国初年田黄售价资料更为详细。称：“比年田黄之价，继长增高，较诸十年前何止倍蓰。吾友翼盦主人旧藏蟠螭钮田黄三印，方者二，引首一，制钮精工绝伦，重逾九两（注：按旧制每市斤十六两计，为281.25克），真巨观也。又有双狮钮田黄一，方体，重七两有奇，雕琢固极灵妙恢奇之致，石质亦莹澈无瑕，皆望而识为清初贡品，七两之石（注：按旧制每市斤十六两计，为218.75克），竟得价二千数百元。以换言之几三百而盈。”（注：若按20世纪20年代市场大米价格计算，一银元约可买30多斤，此田黄与六七万斤米价相若）

文中又举两例：一枚重不过一两四钱的田黄长方形素章，以二百五十元售出；另一件杨玉璇款重二两半蹲虎手件，也被人以千金买去。难怪连崇彝这等贵族也惊叹“余为之舌挢而不能下”。

据成书于20世纪30年代的龚纶《寿山石谱》记载：“田黄名最著，价亦最昂。凡知寿山石者，盖无不知有‘田黄’。所值即视其色之深浅、明暗、纯驳而定，向来有与黄金同价之说，以今言之，殆或有过。”又云：“其佳者至计重估值，一经名辈品题，往往十倍其价。”

与龚氏同年代的张俊勋《寿山石考》亦说：“田黄中，唯橘皮黄，四方者，两以上，易金三倍。”书中还讲述所闻所见田黄轶事二则。

一说80年前（约在清道咸年间）寿山七位石农合伙挖到一块重三斤十二两（约1800多克），形状如斧头的大田黄石，被西城黄恩洲太守凭借权势以低廉的价格三百六十金强行购去。若按同治年间上海米价每斤1.5银分计算，可购2万4千斤。即便这是一桩半买半送的不公平买卖，这七位单身汉得钱后都各自娶妻成家，一时间在乡间传为美谈。

又说福州石井巷郑大进收藏一块约巴掌大小的黑田石，高5寸，重一斤许（约500多克），被东瀛人以五百金购去。还有陈宗怡有一块重一斤一两的田黄石，先由林姓藏家以工面钱七百五十元购得，后又以三千金卖给东瀛人。这一转手就牟利三四倍。陈宗怡又名陈宗彝，民国初年于总督府后开设“彝鼎斋”图章店。按1919年称为“国币”的袁大头银元计算，当时在北京花三千元就可以购买到一座大四合院住宅。

抗日战争爆发后，古玩市场受到很大冲击，据1942年出版的赵汝珍《古玩指南》记载：“田黄则自出世以来，即高黄金之一半。如金价廿元一两，田黄须三十元一两，金价贵至四百元一两，田黄则需六百元一两。田白尚较田黄为贵，且均以两计，足征其可贵也。”尽管那时田黄仍以高于黄金的价格计价，然市况颇为萧条。

20世纪后期，随着中国改革开放的不断深化，海内外收藏田黄热潮再现，特别是1980年11月福州雕刻工艺品总厂一枚重121.5克的田黄石在广州以13999元天价出售后，田黄石市场空前繁荣，石市田黄价格也扶摇直上。

1985年8月6日《深圳特区报》报道：7月末在香港举办的一场“中国书画·印石展览

图163 1992年9月15日“寿山石艺百家展”在香港隆重开幕

图164 田黄《桃园三结义》680克 林飞、林东作（于1992年香港“寿山石艺百家展”上以160万港元出售）

会”上，一块重七两雕刻浮雕山水的田黄石，被富商霍英东以68万港元购得。

1988年8月，在香港美国运通卡和华萃公司联合举办的“运迪献宝——国粹艺术品展览会”上，曾获1984年全国第四届工艺美术品百花奖“金杯奖”（珍品）的林寿煁田黄石雕《秋山行旅》（550克）和《柳鹅》（105克）两件作品，以128万港元出售。

1992年9月，在香港举办的“寿山石艺百家展”上，一件由林飞、林东兄弟合作的田黄石雕《桃园三结义》（680克）以160万港元出售。（图163、图164）

1993年，在香港中国文物展览馆举办的“五连冠·国石艺术展”上，一块重约800克的田黄石《寿星》摆件，标价8 888 000元（港币），展后亦被行家购藏。

世纪更替之际，田黄石更频频在各大艺术品拍卖会场上独占鳌头，成交价格不断刷新印石历史记录。由于田石资源日趋稀缺，能成材者更难，有些拍卖公司看准这一商机，策划“田黄石专场”，搜集海外藏家古旧田黄珍品回流参拍，在“物以稀为贵”的收藏心理驱使下，竞拍价动辄数百上千万元。兹例举近二十余年来海内外部分田石拍卖行情，整理列表以供读者参考。（图165-图193）

图163

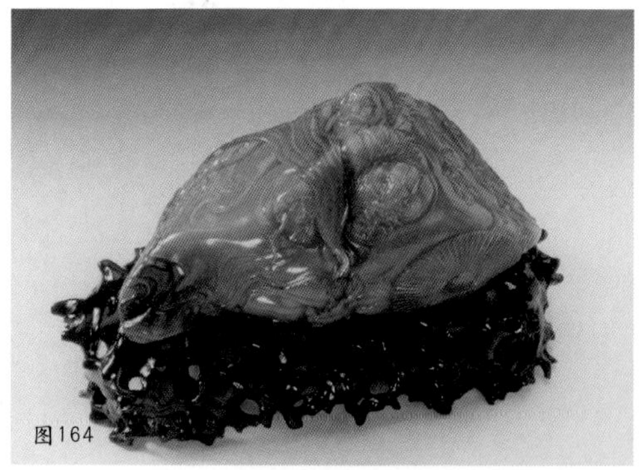
图164

1987—2014海内外拍卖市场田黄成交价格概况表

日期	拍卖机构	品名	成交价
1987年秋	香港苏富比拍卖公司	清·田黄平顶方章（赵之谦篆刻）	123万（港元）
		清·田黄兽钮方章（190g）	65.8万（港元）
1988年	日本黄河株式会社	清末田黄石（5.5cm×3cm×3.8cm）	400万（日元）
1988年	日本中华书店	白田石（2.8cm×2.8cm×2.8cm）	30万（日元）
		注：当时外汇牌价1万日元约合250元人民币	
1995年11月	上海朵云轩拍卖公司	清·田黄薄意《山水人物》随形章（高10.7cm）	85万（人民币）（图166）
1996年11月	北京翰海拍卖公司	清·田黄九龙钮方章（高8.7cm）	154万（人民币）（图167）
1998年3月	香港苏富比拍卖公司	清·田黄平顶方章（高5.7cm）	101.2万（港元）（图168）
1998年4月		清·田黄弥勒佛	200万（港元）
1998年8月	北京翰海拍卖公司	清·田黄螭龙钮方章（9cm×3.5cm×3.5cm）	104.5万（人民币）
1999年	香港苏富比拍卖公司	清·田黄罗汉坐像	112万（港元）
2001年12月	上海敬华拍卖公司	清·田黄云龙钮方章（173g）	88万（人民币）（图169）
2003年7月	香港佳士得拍卖公司	清·康熙御用玺印一套（共12方，其中大部分为田黄石质）	2262.4万（港元）（图170）
2003年8月	上海敬华拍卖公司	清·田黄兽钮方章（282g）	264万（人民币）
2004年4月	香港苏富比拍卖公司	清·乾隆御宝田黄龙钮《契理在寸心》玺	837.6万（港元）
2004年6月	天津国际拍卖公司	清·田黄龙钮方章（6cm×3.8cm×3.8cm）	137.5万（人民币）（图171）
2005年5月	北京华辰拍卖公司	清·田黄薄意《十八罗汉》印章	209万（人民币）

2005年6月	上海嘉泰拍卖公司	清·田黄平顶方章	88万（人民币）
	天津文物拍卖公司	清·田黄龙钮方章（高9.3cm）	228.8万（人民币）（图172）
2005年10月	福建省民间艺术馆	田黄《渔樵耕读》（352g，郑世斌作）	201.6万（人民币）
2006年5月	北京轲尔多拍卖公司	清·白田兽钮方章	968万（人民币）
2006年11月	香港苏富比拍卖公司	清·田黄瑞狮镇纸（杨玉璇作）	3932万（港元）（图173）
2007年春	寿山石专场拍卖会	田黄薄意《岁寒三友》（林荣基作）	66.7万（人民币）
2007年10月	香港苏富比拍卖公司	田黄薄意龙纹方章	575.7万（港币）
2008年春	福建省民间艺术馆	田黄薄意《山水》（王雷庭作）	190万（人民币）
2008年10月		黄金黄田黄薄意《商山四皓》（185g，林清卿作）	201.6万（人民币）
2008年11月	中国嘉德拍卖公司	田黄薄意《桃花源记》印章（271g，林文举作）	313.6万（人民币）
2009年11月	北京保利拍卖公司	乌鸦皮田黄浮雕《富贵万代》山子（650g）	364万（人民币）
		田黄冻薄意《高士对弈图》印章（124g）	201.6万（人民币）
2010年5月	中国嘉德拍卖公司	田黄冻达摩面壁像（88g，杨玉璇作）	1568万（人民币）
2010年6月	北京匡时拍卖公司	清·田黄素钮方章（195g）	920万（人民币）
	北京保利拍卖公司	田黄薄意《柳下观瀑图》方章（120g）	212.8万（人民币）
2010年10月	福建东南拍卖公司	田黄薄意《渔樵问答》（63g，林文举作）	168万（人民币）
		田黄薄意《福禄寿》印章（39.2g，林文举作）	39.2万（人民币）
		田黄薄意《梅花》随形章（43.6g，林文举作）	39.2万（人民币）
		田黄薄意《谈古论今》摆件（99g，刘传斌作）	252万（人民币）（图174）
		田黄印章（65g，郭功森作）	106.4万（人民币）

2010年12月	北京匡时拍卖公司	明末清初·田黄仿汉平安钮印章（220g）	1456万（人民币）
2011年5月	中国嘉德拍卖公司	明·田黄瑞兽摆件（74g）	230万（人民币）
		清·田黄太平喜象钮章（126.9g，杨玉璇作）	805万（人民币）
		田黄薄意《深山问道》随形章（212.7g，王雷庭作）	425.5万（人民币）（图175）
		田黄薄意《香山九老》	414万（人民币）
2011年春	北京保利拍卖公司	清康熙·田黄印章（11枚，周彬作，吴国桢旧藏）	2530万（人民币）
2011年5月	福建东南拍卖公司	田黄薄意《赤壁夜游》随形章（129g，林文举作）	392万（人民币）
		田黄《夜游赤壁》摆件（325g，徐仁魁作）	425.6万（人民币）
		乌鸦皮田黄薄意《花神》雕件（147.7g，林荣基作）	212.8万（人民币）
		田黄素钮章（103g）	168万（人民币）
		田黄寿仙人物摆件（130g，郑幼林作）	224万（人民币）
		田黄薄意《螭虎》章（168.7g）	369.6万（人民币）（图176）
2011年6月	北京保利拍卖公司	田黄《罗汉洗象》摆件（123g，郭功森作）	350.75万（人民币）（图177）
		乌鸦皮田黄薄意章（143g）	212.75万（人民币）
2011年7月	西泠印社拍卖公司	田黄薄意《荷塘宿鹭》印章（140g，林清卿作）	810.75万（人民币）
		田黄薄意《东山报捷》摆件（1052g，林文举作）	649.75万（人民币）
2011年秋		田黄薄意《香山九老》（林寿煁作）	1030万（人民币）
		明末清初·田黄博古钮对章（70.5g、71.3g，王定作）	1150万（人民币）（图178）

2011年10月	福建东南拍卖公司	田黄素钮方章（131g）	1184.5万（人民币）
		田黄《伏狮罗汉》摆件（291g，冯志杰作）	575.5万（人民币）
		田黄《双狮戏球》把玩件（121g，冯志杰作）	575万（人民币）
		田黄薄意《香山九老》摆件（164g）	264.5万（人民币）
		田黄薄意《山居之景》摆件（167g，林金元作）	241.5万（人民币）
		田黄瑞兽钮方章（38g）	230万（人民币）
		田黄素钮椭圆章（40g）	195.5万（人民币）
		田黄薄意《双清》摆件（104g，林文举作）	172.5万（人民币）
		田黄凤钮方章（29g）	161万（人民币）
2011年11月	中国嘉德拍卖公司	田黄薄意《赤壁夜游》摆件（340.7g，郭懋介作）	2012．5万（人民币）（图179）
	西泠印社拍卖公司	橘皮红田黄薄意《竹林七贤》印章（88.8g，郭懋介作）	414万（人民币）
2011年12月	北京市古天一拍卖公司	清早期·田黄九龙纹方章（120.5g）	1265万（人民币）
	北京保利拍卖公司	田黄薄意《林间雅趣》山子（720g）	345万（人民币）
		田黄《佛手》摆件（116g，冯志杰作）	171.3万（人民币）（图180）
	西泠印社拍卖公司	田黄薄意《烂柯神机》印章（515g，刘传斌作）	460万（人民币）
2012年1月	西泠印社拍卖公司	乌鸦皮白田薄意《山水人物》随形章（1204g，徐仁魁作）	379.5万（人民币）
		田黄薄意《风雨归牧》印章（188g，郭懋介作）	253万（人民币）
		乌鸦皮田黄牛钮章（138g）	184万（人民币）

2012年5月	福建东南拍卖公司	田黄素钮章（110g，又栩款）	793.5万（人民币）
		田黄圆顶方章（6.5cm×2.4cm×2.4cm，88g，吴昌硕篆“勇于不敢”）	575万（人民币）（图181）
	中国嘉德拍卖公司	田黄鳌龙戏金泉钮方章（82g）	701.5万（人民币）（图182）
	北京保利拍卖公司	田黄薄意《秋山行旅图》摆件（221g）	299万（人民币）
2012年6月	北京保利拍卖公司	乌鸦皮田黄薄意《红楼梦故事》随形章（552g）	506万（人民币）
2012年7月	西泠印社拍卖公司	田黄薄意《香山九老》（317.5g，林寿煁作）	1035万（人民币）
		田黄薄意《卧读南华》章（108g，郑则评作）	563.5万（人民币）
2012年10月	中国嘉德拍卖公司	田黄薄意《水调歌头》摆件（92.3g，林文举作）	287.5万（人民币）
	福建东南拍卖公司	田黄九螭献宝钮印章（282g）	1035万（人民币）（图183）
		乌鸦皮田黄冻布袋弥勒摆件（58g，林东作）	230万（人民币）
		田黄节节高升摆件（128g，王一帆作）	149.5万（人民币）
		田黄薄意《刘海戏蟾》随形章（81g，林发述、林文举作）	149.5万（人民币）
2012年12月	北京匡时拍卖公司	清早期·王光烈藏翁方纲邀桂馥为孔继榭制田黄随形钮方章（124g，桂馥篆）	931.5万（人民币）（图184）
		清早期·田黄素钮对章（146g）	1046.5万（人民币）
	西泠印社拍卖公司	田黄薄意《秋菊舞蝶》摆件（182.2g）	690万（人民币）
		清·田黄古兽钮方章（80.1g，何昆玉作）	529万（人民币）（图185）
		清·田黄古兽钮陆愚卿收藏印（55g）	385.25万（人民币）
		乌鸦皮田黄薄意《青竹》方章（71.9g）	184万（人民币）（图186）
2013年4月	香港苏富比拍卖公司	十七世纪田黄留皮雕坐狮观音像（高8.9cm）	1716.28万（港币）

2013年5月	中国嘉德拍卖公司	田黄龚照瑗自用章（73.6g）	172.5万（人民币）
		田黄方章（131g）	1322.5万（人民币）
	福建东南拍卖公司	田黄薄意《岁寒三友》随形章（151g，林文举作）	805万（人民币）（图187）
		田黄薄意《弥勒达摩》扁章（82g，林文举作）	460万（人民币）
2013年6月	北京匡时拍卖公司	清·田黄冻太平景象钮章（39.5g）	322万（人民币）
		田黄子母狮钮方章（97.9g）	184万（人民币）
	北京保利拍卖公司	清·来修齐田黄章（239g，吴昌硕刻）	1380万（人民币）
2013年7月	西泠印社拍卖公司	田黄薄意《岁寒三友》摆件（182.6g，林寿煁作）	517.5万（人民币）（图188）
2013年10月	福建东南拍卖公司	田黄薄意《溪山孤旅》摆件（150g，郭懋介作）	471.5万（人民币）（图189）
		田黄双角瑞兽印章（73g）	402.5万（人民币）
		田黄《皆大欢喜》摆件（107g，郭懋介作）	391万（人民币）
		田黄薄意《山居即景》摆件（390g，郭懋介作）	3680万（人民币）（图190）
2013年11月	中国嘉德拍卖公司	田黄狮钮方章（58g，齐白石款）	460万（人民币）
		田黄太师少师钮方章（80g）	1115.5万（人民币）（图191）
		清·田黄兽钮方章（78g，杨玉璇作）	690万（人民币）（图192）
		田黄平钮方章（140g）	805万（人民币）
		田黄平钮方章（39g，吴昌硕篆）	327.75万（人民币）
		田黄冻薄意《山水》摆件（89.5g）	149.5万（人民币）
2013年12月	西泠印社拍卖公司	田黄薄意《云纹》扁方章（34.5g，林清卿作）	517.5万（人民币）
	北京保利拍卖公司	民国·田黄薄意《云纹》钮方章（111g，陈巨来篆刻）	448.5万（人民币）

2013年12月	北京匡时拍卖公司	清·田黄薄意《乡趣图文》印章（225g，竹坨款）	368万（人民币）
		田黄薄意《芦雁图》摆件（110g）	181.7万（人民币）
2014年5月	西泠印社拍卖公司	田黄冻薄意《携琴访友》随形章（196.3g）	460万（人民币）
	福建东南拍卖公司	田黄双子弥勒摆件（269g，林飞作）	977.5万（人民币）
		田黄劲竹摆件（156g，冯志杰作）	218.5万（人民币）
		田黄薄意《寻梅图》摆件（123g，林文举作）	207万（人民币）
		田黄薄意《秋江泛舟图》随形章（115g，林清卿作）	195.5万（人民币）
		田黄薄意《荷塘》闲章（83g，旧工）	144.9万（人民币）
2014年10月	福建东南拍卖公司	田黄薄意随形章（190g）	1035万（人民币）（图193）
		田黄薄意《春江水暖》摆件（195g，郑世斌作）	805万（人民币）
		田黄薄意《渔樵耕读》摆件（153g，林文举作）	609.5万（人民币）
		田黄把玩件（110g，陈达作）	580.75万（人民币）
		田黄汉钟离人物摆件（89g，周彬作）	552万（人民币）
		田黄薄意《山居即景》摆件（131g，郑世斌作）	523.25万（人民币）
		田黄薄意《桃园洞天》摆件（208g，郭懋介作）	437万（人民币）
		田黄螭虎钮章（77g）	333.5万（人民币）
		田黄滚狮把玩件（55g，冯志杰作）	189.75万（人民币）
		田黄薄意《山水人物》摆件（139g）	172.5万（人民币）
		田黄兽钮方章（53g）	166.75万（人民币）

图165　拍卖会现场

图166　清　田黄薄意《山水人物》随形章（1995年11月　上海朵云轩拍卖公司）

图167　清　田黄九龙钮方章（1996年11月　北京翰海拍卖公司）

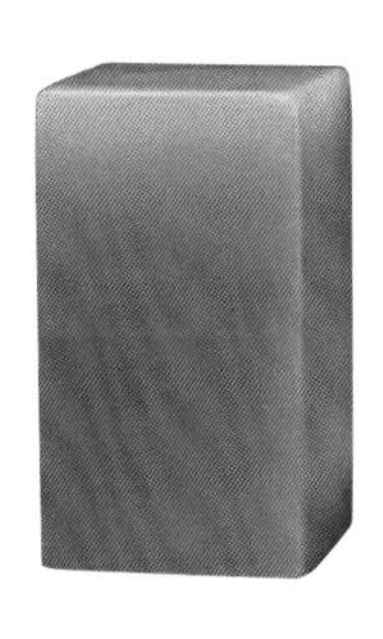

图168 清 田黄平顶方章（1998年3月 香港苏富比拍卖公司）

图169 清 田黄云龙钮方章（2001年12月 上海敬华拍卖公司）

图170 清 康熙御用玺印一套（2003年7月 香港佳士得拍卖公司）

图171 清 田黄龙钮方章（2004年6月 天津国际拍卖公司）

图172 清 田黄龙钮方章（2005年6月 天津文物拍卖公司）

图173　清 田黄瑞狮镇纸 杨玉璇作（2006年11月 香港苏富比拍卖公司）

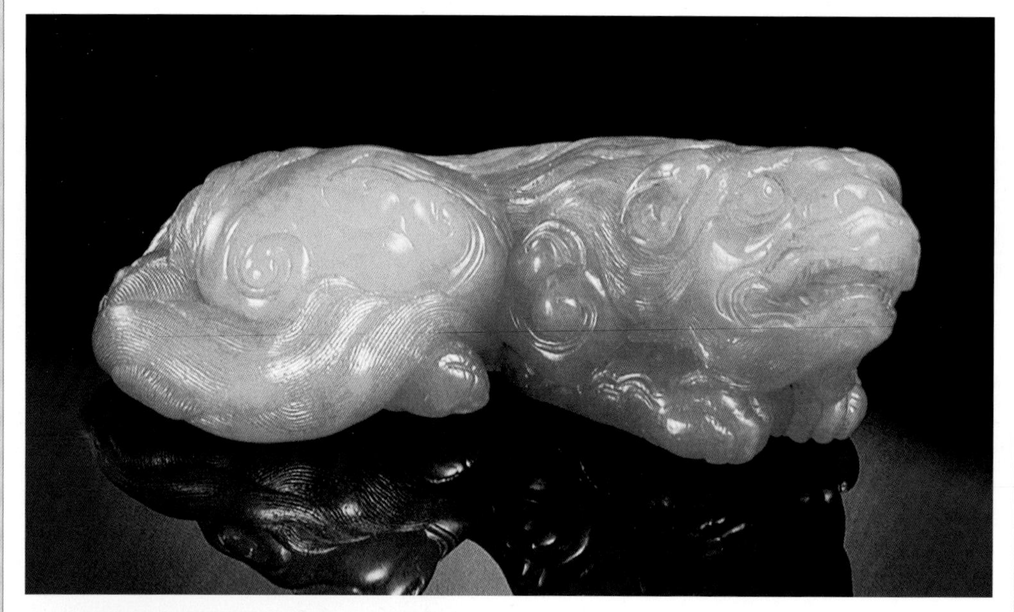

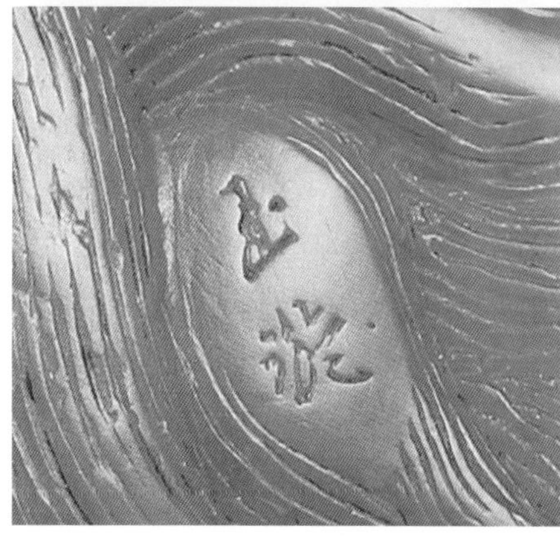

阴刻“玉璇”款

图174　田黄薄意《谈古论今》摆件 刘传斌作（2010年10月 福建东南拍卖公司）

图175　田黄薄意《深山问道》随形章 王雷庭作（2011年5月 中国嘉德拍卖公司）

图174

图175

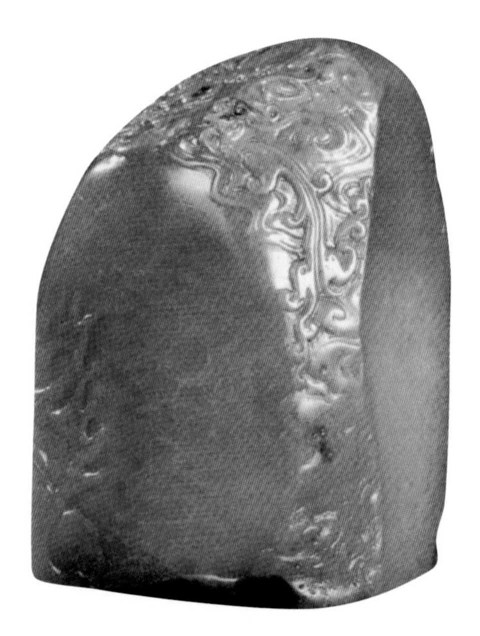

图176　田黄薄意《螭虎》章（2011年5月 福建东南拍卖公司）

图177　田黄《罗汉洗象》摆件 郭功森作（2011年6月 北京保利拍卖公司）

图178　明末清初 田黄博古钮对章 王定作（2011年秋 西泠印社拍卖公司）

图179　田黄薄意《赤壁夜游》摆件 郭懋介作（2011年11月 中国嘉德拍卖公司）

图180　田黄《佛手》摆件 冯志杰作（2011年12月 北京保利拍卖公司）

图178

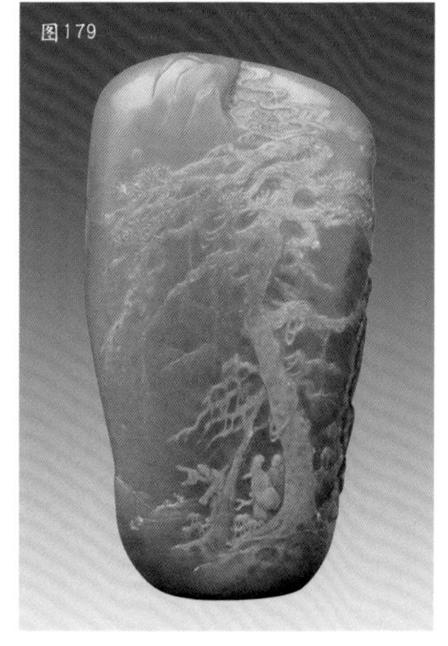
图179

图180

图181　田黄圆顶方章 吴昌硕篆（2012年5月 福建东南拍卖公司）

图182　田黄螯龙戏金泉钮方章（2012年5月 中国嘉德拍卖公司）

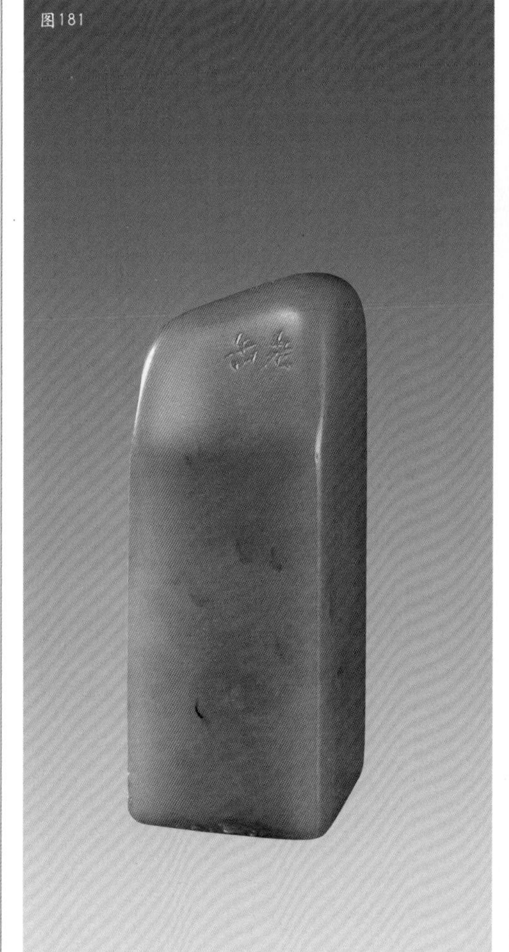
图181

图182

图183　田黄九螭献宝钮印章（2012年10月　福建东南拍卖公司）

图184　清 田黄随形钮方章 桂馥篆（2012年12月　北京匡时拍卖公司）

图185 清 田黄古兽钮方章 何昆玉作（2012年12月 西泠印社拍卖公司）

图186 乌鸦皮田黄薄意《青竹》方章（2012年12月 西泠印社拍卖公司）

图185

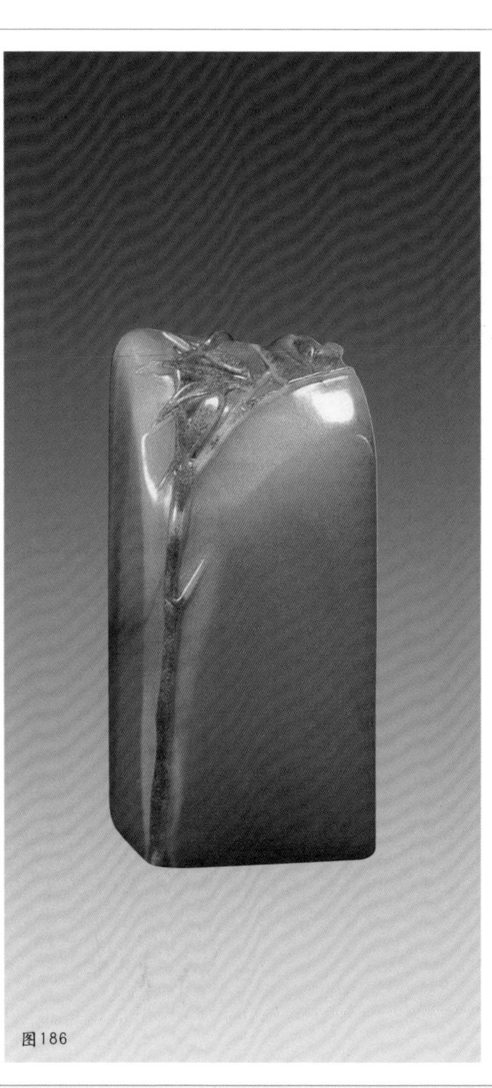
图186

图187　田黄薄意《岁寒三友》随形章 林文举作
（2013年5月 福建东南拍卖公司）

图188　田黄薄意《岁寒三友》摆件 林寿煁作
（2013年7月 西泠印社拍卖公司）

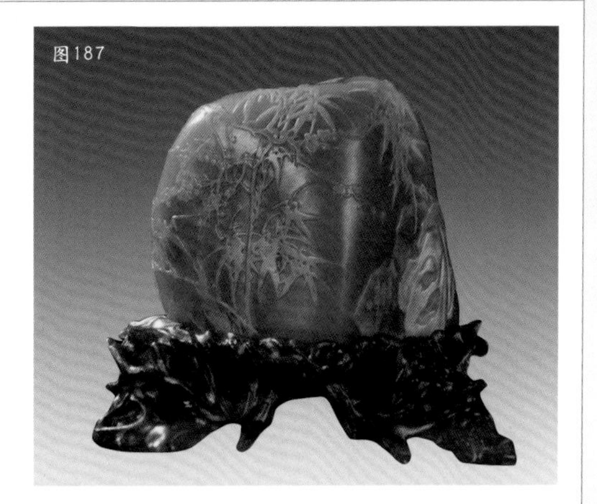
图187

图188

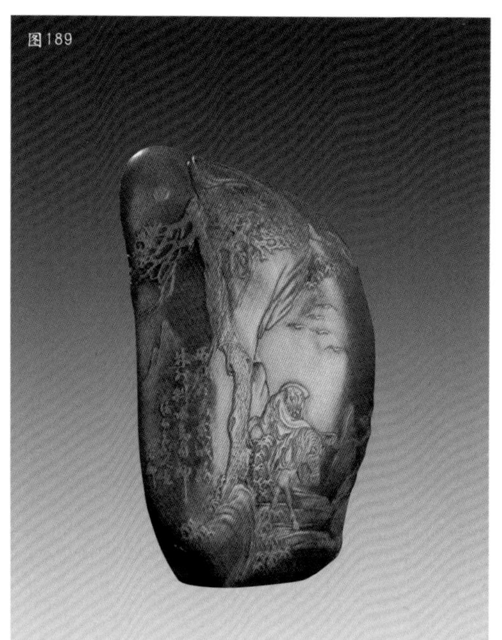

图189　田黄薄意《溪山孤旅》摆件 郭懋介作（2013年10月 福建东南拍卖公司）

图190　田黄薄意《山居即景》摆件 郭懋介作（2013年10月 福建东南拍卖公司）

图191　田黄太师少师钮方章（2013年11月 中国嘉德拍卖公司）

图192　清 田黄兽钮方章 杨玉璇作（2013年11月 中国嘉德拍卖公司）

图193　田黄薄意随形章（2014年10月 福建东南拍卖公司）

图191

图192

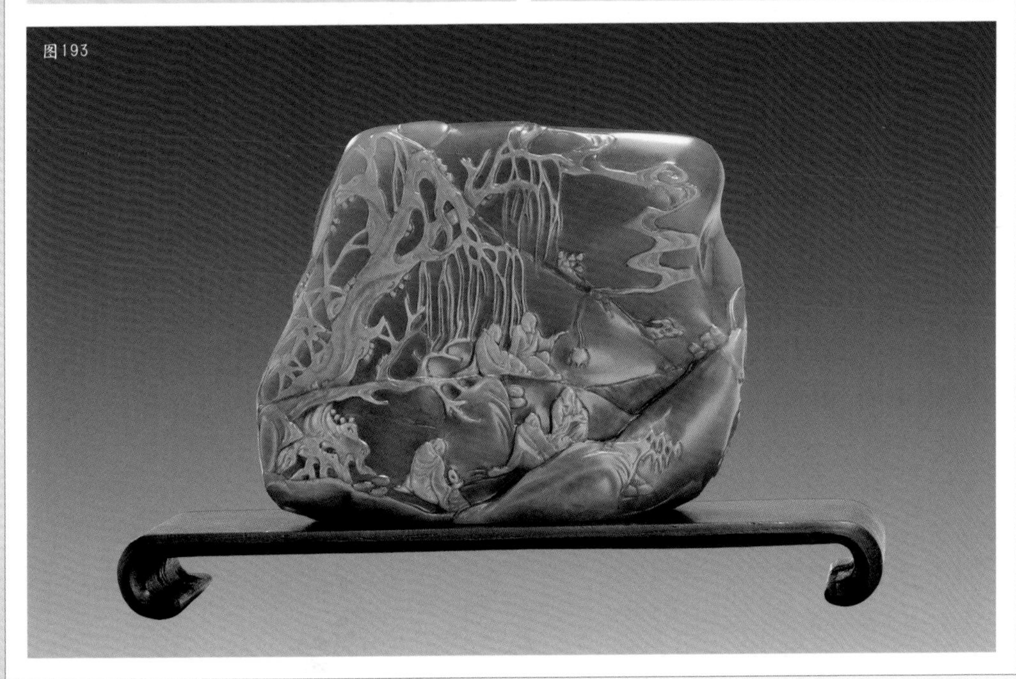

图193

田黄珍品赏析

一、观世音菩萨立像　清·杨玉璇作

作品选用品质上乘的田黄冻石为材料，纯洁莹澈，隐含红筋，色如橘皮，黄中透赤。塑造一尊观音立像，高11.5厘米，头顶戴冠，胸佩瓔珞，面如满月，端庄慈祥，右手上举提着一条飘带，左手自然下垂，执一宝瓶。上身袒露，下着长裙，双足踏浪，肩部略向右倾，形体丰润，姿态自然。冠帽、瓔珞嵌红、绿、白色宝石珠，头发、眉眼染墨装饰，造型近似石窟造像，古朴含蓄，刻画精致。背部阴刻“玉璇”款，座配六角形木雕及木质背光。

作者杨璇字玉璇，籍福建漳浦，寓居福州，明末清初闽中雕刻大家，以擅长寿山石人物、印章钮兽著名于世。其艺术风格对后世产生了巨大影响，被尊为寿山石艺“鼻祖”。康熙《漳浦县志》在杨玉璇传中载：“杨玉璇善雕寿山石，凡人物、禽兽、器皿俱极精巧，当事者争延致之。”周亮工《闽小记》称赞他的雕艺“运刀之妙如鬼工”。

该作品现藏于故宫博物院。（图194）

图194　清 观世音菩萨立像 高11.5cm 杨玉璇作 故宫博物院藏

二、达摩祖师一苇渡江　清·杨玉璇作

作品精选色正质纯田黄石为材，人物与座分别由两块组成。通高11厘米，底宽5厘米。取材被尊为禅宗“东土第一代祖师”的达摩祖师“一苇渡江”的故事，刻画祖师赤足站立芦苇水浪石座上，左手捧僧履于胸前，右手轻轻提起下垂的袈裟，神态淡定，眉目传神。须、发、眉、眼点染黑墨，衣纹随风飘逸，领袖线刻纹锦，雕工精致，刀法娴熟。

背面署阴文“玉璇”款，系杨老早期杰作。该传世稀珍现藏于故宫博物院。（图195）

图195　清 达摩祖师一苇渡江 11cm×5cm 杨玉璇作 故宫博物院藏

玉璇款

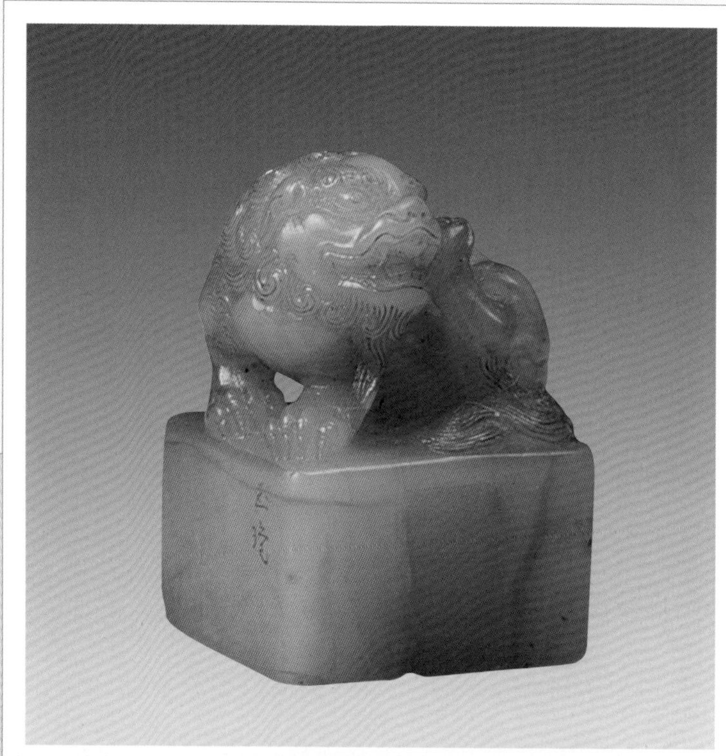

图196　清 狮钮长方章
3.5cm×2.5cm×2.8cm 杨玉璇作 福建博物院藏

篆刻：观空处实

三、狮钮长方章 清·杨玉璇作

章形接近正方，高3.5厘米，长2.5厘米，宽2.8厘米，取温润精良之田黄冻石切割而成，隐蔽处保留些许皮层痕迹，通体质地晶莹细嫩，色淡黄明亮，红筋鲜明显露，萝卜纹若隐若现耐人寻味，乃田坑佳材。

钮饰约占章体通高一半，刻一雄狮侧卧，左后腿提至颈项处，作挠痒姿态，头部左转稍昂，双目注视远方，口微张，尾盘足，神情动态生动矫健，毛发开丝，刻画入微。印底镌朱文“观空处实”四字篆书。

钮雕出自清初著名寿山石雕匠师杨玉璇之手。高兆在《观石录》中赞杨老云：“杨璿作钮者八九，韩马、戴牛、包虎，出匣森森向人，椠礴尽致，出色绘事。”将他的雕艺与韩幹、戴嵩、包鼎等中国古代名画家相提并论，予以极高评价。

此印章曾为闽中寿山石品鉴家吴元所秘藏，现藏于福建博物院。（图196）

四、弥勒坐像 清·周尚均作

作品利用一块高5厘米，宽13.5厘米，质地细腻凝嫩，色黄如熟栗的田坑天然璞石随形布局，雕镂一尊弥勒坐像。形神兼备，古朴浑厚，充分显示出田黄的独特美感，是一件清早期“因材施艺”的寿山石雕佳作，成为后世艺人追摹的范本。

弥勒本为佛教中的菩萨名，在中国寺院中的弥勒佛像，相传是以五代时期一位行踪飘忽、携带布袋四处化缘，世传为弥勒化身的胖和尚作为原型而塑造的，故又有“大肚弥勒”“布袋和尚”等称谓，更加世俗化，常被艺术家取作绘画、雕塑题材。

该作刻画弥勒身躯肥胖，袒胸露肚，身披带纹饰图案的袈裟，赤足席地卧坐，右手按于膝上，左手握着大布袋，瞪眼咧嘴，昂首嘻笑，将一副怡然自得的神态表现得淋漓尽致。底部以八分署款“尚均”二字。

尚均名周彬，以字行，福建漳州人。擅刻印钮以及人物圆雕，是一位成名稍晚于杨璇的寿山石雕刻巨匠，其钮雕被金石鉴藏家称作“尚均钮”，誉为第一。

此件珍雕现收藏于故宫博物院。（图197）

图197 清·康熙 弥勒坐像 5cm×13.5cm 周尚均作 故宫博物院藏

五、异兽钮方章　清·乾隆御用玺

章料方正规整，高4.5厘米，长、宽均4厘米，重123克。质地温和凝腻，色黄若剥皮枇杷，肌理萝卜纹绵密清晰。钮刻卧兽，凤尾，鹰爪，形貌奇特，运刀简练而饶有神韵，体现出皇家气派。印底篆刻白文“契理在寸心”五字，系清乾隆皇帝御用宝玺，常钤盖于御笔书画之上，为其心爱之物，收录于《乾隆宝薮》中。

考印文“契理在寸心”乃选自乾隆题皇叔慎郡王所绘《田盘山色图》诗中佳句：“契理在寸心，旷观足千秋。”足见他对这枚田黄印玺的钟情。

民国时期，此宝从皇宫流落民间，几经辗转，直至21世纪初，才现身于香港拍卖会上，以790万港币成交。（图198）

篆刻：契理在寸心

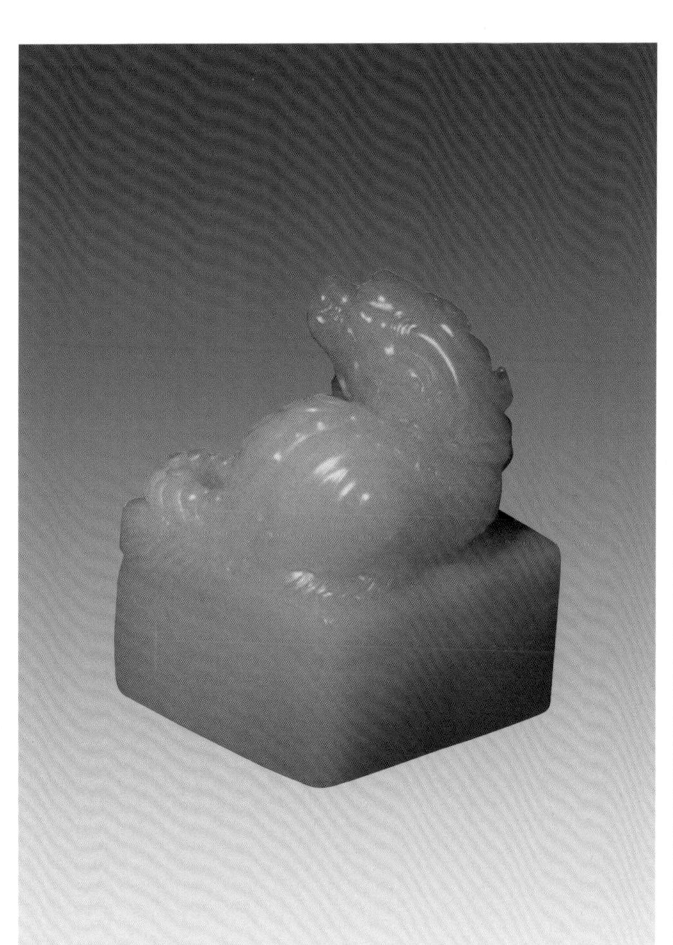

图198　清·乾隆 御用异兽钮方玺 4.5cm × 4cm × 4cm

六、辟邪钮长方章　清

这是一方藏于清宫内务府活计库内的田黄石长方形备用章料制成的钮雕，高8.1厘米，长5.95厘米，宽3.6厘米，底部未刻印文。石质莹洁柔润，色呈桂花黄，光彩照人，肌理萝卜纹纤细而致密，条理分明有序。章台平整，上刻一辟邪瑞兽，躯干矫健，前足挺立，后腿蹲坐，头部略向右倾，双目凝视远方，作欲跃姿态。造型稳重，技法娴熟，将雕刻之美与田石自然之美巧妙融合，达到神化之境界，具有浓厚的宫廷艺术风格，堪称稀世珍宝。

此作品现藏于台北“故宫博物院”。（图199）

图199　清 辟邪钮长方章 8.1cm×5.95cm×3.6cm 台北“故宫博物院”藏

篆刻：荔香斋 董沧门作

图200　清·康熙 浮雕蟠螭钮长方章 6.3cm×1.8cm×3cm

七、浮雕蟠螭钮长方章　清·董沧门作

章材质纯色正，切割规整，上部保留石璞天然皮层，高6.3厘米，长3厘米，宽1.8厘米。作者利用印顶色皮刻制浮雕蟠螭兽纹图案钮饰，线条简洁，古意盎然。印底篆刻朱文“荔香斋”三字，署隶书阴刻款“沧门”二字。

沧门名董汉禹（？—1763），福建侯官（今福州市）人，精书画篆刻，亦善制砚雕钮，篆刻疏密自然，规矩工整，不流时俗，惜传世作品甚少。嗜好收集古籍、文玩，与当时著名砚石、印章鉴藏家黄任交往密切。黄任《秋江集》中有“董生病后杨生殁，谁复他山我错攻”诗句，并注云：“董沧门，杨洞一，皆善制砚，兼工篆刻，客余署中三载，今沧门病且老，而洞一宿草芊芊矣。”林佶《朴学斋稿》亦称沧门“善刻印，能制钮”。

董氏生前曾篆刻《武夷名胜》一卷，于乾隆年间由汪启淑编辑出版，惜稿本毁于丁丑之役。他的篆刻、钮雕作品传世亦罕。此印章石材、钮雕及篆刻俱佳，更为难得。（图200）

图201　素钮对章 8.2cm×6.9cm×6.9cm（每枚），分别重949g、945g 北京荣宝斋藏

八、素钮对章 清·和硕怡亲王用印

此副田黄石对章，体量硕大，章形方正，每枚高8.2厘米，长、宽均6.9厘米，重量分别为949克和945克，系由整块优质田黄石璞开料制成。质地洁净无瑕，外表色泽明亮如金，里层渐转泛白，两章体并列摆放时，色、纹乃至红筋皆浑然一体，顶部保留原石自然形态，不施雕饰，凸显出美轮美奂的“金裹银”独有特征，堪称寿山田石中之稀珍。

印底篆刻，一方为白文“和硕怡亲王宝”，另一方为朱文“冰玉道人之章”。据史料文献记载：“和硕怡亲王”是康熙十三子允祥的爵号，虽与雍正非同母所生，但自幼“晨夕聚处，手足情笃”“形影相依，谦集唱和”，雍正继位后封为怡亲王，成了他的亲信，任总理大臣兼管内务府，也是造办处的最高领导人。雍正八年允祥病故后，怡亲王爵位由其七子弘晓承袭。

弘晓号冰玉道人（1722—1778），擅书法，好藏书，风流儒雅，一生留下大量寿山石珍品，多已散失无存。这对玺印历数百载沧桑尚能完好无损地流传至今，实属万幸。

该对章现由北京荣宝斋收藏。（图201）

篆刻：和硕怡亲王宝（左）、冰玉道人之章（右）

图202　清 卧兽钮长方章 篆刻：阙里孔氏雩谷考藏金石书画之记 邓石如作 上海博物馆藏

九、卧兽钮长方章　清·邓石如篆刻

印材质纯而润，纹理细密柔和，平台上部刻一瑞兽，作伏卧状，蒙眬欲睡，圆浑古拙富有手感。此方田黄冻石章的主人是孔夫子后裔孔雩谷先生用于钤盖考藏书画金石题记的鉴藏印，已有二百多年的历史。

印底篆刻朱文“阙里孔氏雩谷考藏金石书画之记”十四字，分三行竖排，布局疏密相宜，笔画刚健圆劲，富有笔情墨趣，为清代中叶著名篆刻家邓石如所作。

邓石如（1743—1805）原名琰，号完白山人，安徽怀宁（今安庆）人。擅书法，精篆隶，篆刻能突破汉印藩篱。“书从印入，印从书出”，自创风格，备受世人推崇，称“邓派”。

这枚田黄章集材质、钮雕和篆刻之美于一石，殊为难得。现藏于上海博物馆，图片著录于《上海博物馆藏宝录》。（图202）

十、薄意梅雀争春随形章　民国·林清卿作

章体在保留石璞天然形态的原则下，略加修整成形，高7.3厘米，长、宽约3厘米。质通灵莹澈，色黄中带橙，蕴含宝气。作者就势布局，取美遮瑕，以薄意手法雕刻蜡梅、翠竹和两只喜鹊，一栖枝头一立于地，对视呼应，寓意报春吉祥之兆，诗意跃然刀下。画面富有浓厚的生活气息，别饶韵趣。

作者林清卿（1876—1948），福建侯官（今福州市）人，居西郊凤尾乡，故有“西门清”之称。清卿一生致力于寿山石薄意雕刻艺术的探索，追摹古代石刻、画像砖精髓，撷取中国文人画养分，运用画理意境于石面，熔雕、画于一炉，独树一帜，卓然成家，开辟寿山石艺新境界，备受金石鉴藏家青睐。著名书画家陈子奋在《颐谖楼印话》一书中称赞他的薄意雕作：“花卉之妩媚生动，虽写生家罕能及。山水竹木，亦静穆深厚。难得在利用石之病，而反见天然。”

该作品现收藏于福州市博物馆，图片著录于《福州文物集粹》。（图203）

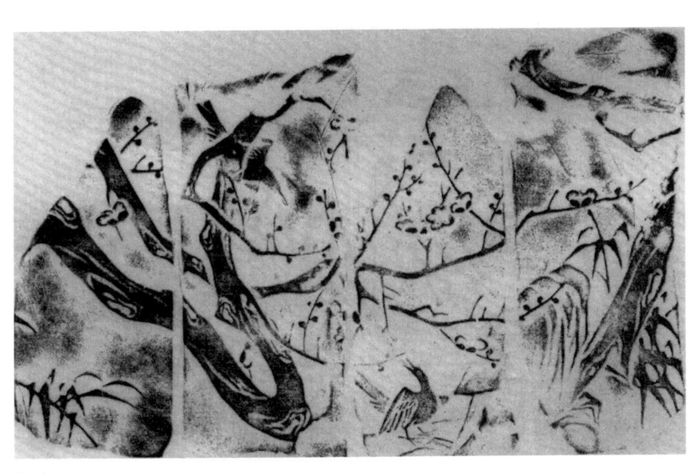

拓片

图203　薄意梅雀争春随形章　7.3cm×3cm×3cm　民国林清卿作　福州市博物馆藏

十一、薄意飞燕迎春对章　民国·林清卿作

印材选取整块黄皮田黄石璞，开料切割成一副对章，上部完整保留明黄色皮层，印底边角稍露蛤蟆皮状黑斑，章体质地纯洁光嫩，肌理萝卜纹细密有序，两条鲜丽的红筋横腰穿过，田黄特色尽显其中，各具妙趣，属不可多得之田坑极品。

薄意雕刻大家林清卿巧取石皮俏色，妙避格纹瑕疵，以刀代笔制成一幅《飞燕迎春图》。两章连体布局，意境深邃，别具韵味，是林氏代表作之一。该作品曾收藏于台北鸿禧美术馆。（图204）

图204　薄意飞燕迎春对章 民国林清卿作 台北鸿禧美术馆藏

十二、鱼龙钮随形章 当代·周宝庭作

该章质料本为一块硕大的田黄冻石，因挖掘时受外力撞击而一分为二，取其中质色佳丽的部分制成此枚随形章坯，高4厘米，长6.4厘米，宽3.6厘米。印顶靠近石皮，色彩浓艳，往下渐现泛白肌理，萝卜丝显露。钮作浮雕鱼龙纹饰，口衔宝珠，展开双翅，遨游波涛之上，作腾空跳跃姿态，造型洗练，构思巧妙。

鱼龙又称“鱼化龙”，是传说中的一种神兽，其形貌为龙首鱼身，腹侧有一双大翅膀，取自“鲤鱼跳龙门”的故事。古代传说凡鲤鱼能跳过龙门者，便可变为龙而登天，寓飞腾之意。宋元时常见鱼化龙形玉佩，明清后寿山石章引用于钮雕、文玩题材。

作者周宝庭（1907—1989）小名依季，又号异臂，福建闽县（今福州市）人。师从寿山石雕第二代传人林友琛，又拜郑仁蛟门下，融会东、西流派艺术精华，独辟蹊径，自成一格。尤以钮雕、古兽和圆雕仕女为最著，世称“周氏三绝”，获“中国工艺美术大师”称号。

这件田黄章为周老惊世巨作《二十八兽印钮石章》中的组成部分，于1985年获第五届全国工艺美术品百花奖最高奖项金杯奖（珍品）。（图205）

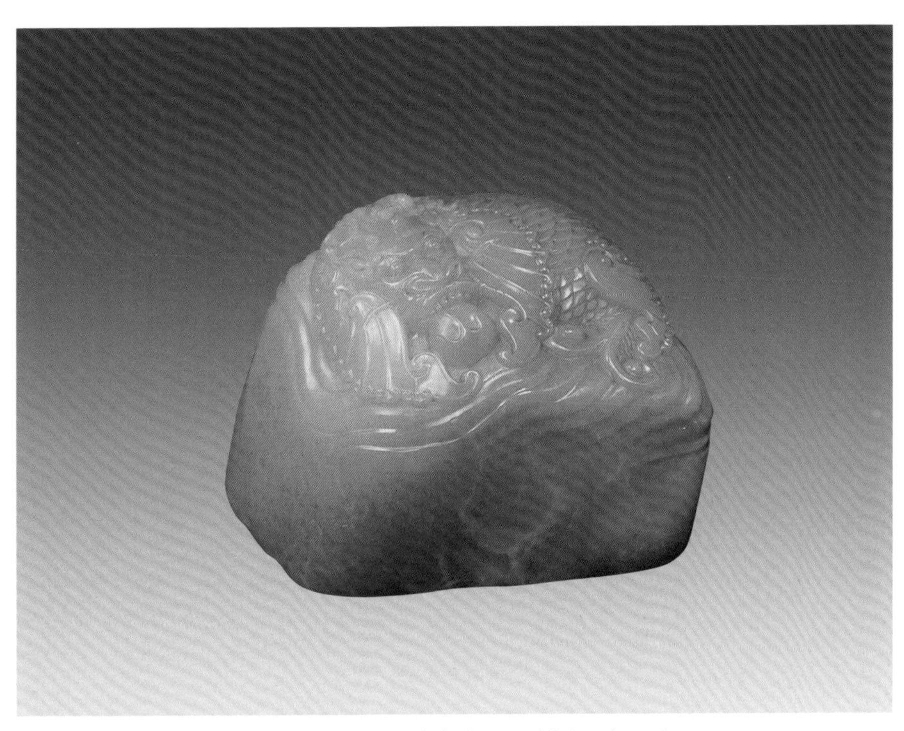

图205 鱼龙钮随形章 4cm×6.4cm×3.6cm 周宝庭作（二十八兽印钮石章之一）

图206 《秋山行旅·岁寒三友·柳鹅》薄意浮雕三件套 林寿煁作

十三、薄意浮雕三件套 当代·林寿煁作

该套田黄石组雕，分别选择三块田黄冻石为材料，完整保留石璞形、色、皮固有特征，巧施雕艺配套组合而成。三件田黄石雕分别为：

《秋山行旅》通体黄金黄色，璀璨夺目，重550克。薄意随形布局，仿宋画笔意描绘出深山野谷，曲径通幽，一骑驴隐者悠然自得漫游其间。主题突出，意趣浓郁；《岁寒三友》色如枇杷，光彩夺目，利用天然石皮刻画被誉为“岁寒三友”的青松、翠竹和绽放的梅花，衬以鹤、鹿和喜鹊，寓意吉祥；《柳鹅》则以105克重的银裹金田石为材，采用浮雕技法生动表现一群白鹅嬉戏于溪涧柳荫，富有立体感。背景露出黄色部分施薄意山峦远景，层次分明，手法新颖，极尽诗情画意。此作于1984年获第四届全国工艺美术百花奖最高奖项金杯奖（珍品）。

作者林寿煁（1920—1986）字煁宝，福建闽侯（今福州市）人，系寿山石雕东门派第三代传人，承家法而能出新意，工薄意、浮雕。1956年获“艺人”称号。这组田黄石雕是他晚年代表作，允称“珍宝”。（图206）

十四、薄意梅雀图随形章　当代·林寿煁作

作品取田黄璞石天然形态，略行修整制成章体，高5厘米，长2.5厘米，宽1.2厘米，质地莹润半透明，纹理明显，外表挂薄色皮及纤细红筋，色纯若枇杷初熟。

作者顺石体四周纹路布置画面，运用薄意技法刻画梅、竹、石及喜鹊飞翔其间，将石面微瑕巧加遮掩，不露痕迹，以大写意手法描绘劲健且富有变化的穿插枝干，凸显出梅花的坚贞品格，产生特殊的艺术效果，令观者叹为观止。此乃已故寿山石雕大家林寿煁晚年佳作。（图207）

图207　薄意梅雀图随形章 5cm×2.5cm×1.2cm 林寿煁作

十五、薄意松溪五老摆件 当代・郭懋介作

材质通灵，色如枇杷，外表包裹明黄色皮。高8厘米，长3厘米，宽2.8厘米。大师完整利用原石高耸嵯峨状如山峰的自然造型，以国画高远构图布局。前景数株挺拔苍劲的松树直冲云霄，气势不凡，蒙蒙山林深处，峻峰耸立，烟云缭绕，小桥流水，亭台楼阁点缀山间，五位老者悠闲漫步，怡然自得，一派隐逸逍遥神态跃然石面。远处依石面纹理刻画山峦流云，寥寥几刀，神韵清雅。

作者郭懋介（1924—2013）字石卿，号介伯，福建闽侯（今福州市）人。早年随林友竹学习寿山石雕，后涉足古玩鉴定、书画篆刻诸艺，广交文人墨客，攻石能融诗、书、画、篆，追求天人合一的审美境界。集寿山石艺之大成，尤以浮雕、薄意著称，备受海内外鉴藏家赞赏。

先后获“中国玉石雕刻大师”“中国工艺美术大师”等称号。（图208）

图208　薄意松溪五老摆件 8cm×3cm×2.8cm 郭懋介作

正面

背面

十六、薄意情满西厢摆件 当代·江依霖作

石料状如春笋，高7.5厘米，长5厘米，宽3厘米，重152克。外表包裹一层白色微透明石皮，洁净细嫩，肌理呈金黄色泽。凝腻温润，艳丽明亮，黄、白相衬，色层分明，为“银裹金田黄冻石”，属田坑珍稀品种。

作品内容取材于中国古典文学四大名著之一《红楼梦》中一段脍炙人口的故事，生动描绘了贾宝玉与林黛玉这对有情人在大观园里评读《西厢记》的情景。右前方细致刻画两人轻声细语脉脉含情的神态，充满思古幽情。配以庭园中假山松石，粉墙楼阁，在白色皮层上精致雕琢出一幅园林风貌，主题突出，人景呼应，刀法娴熟，线条流畅。里层黄色透过浅薄的白色景物，巧妙地烘托出特殊的艺术效果。该作品于1997年被中国邮电部选为《寿山石雕》邮票图案。

作者江依霖（1950年生），福建福州人。毕业于福建工艺美术学校，师从王雷霆，擅长薄意、浮雕及钮雕。所作古朴典雅，富有画意。现为高级工艺美术师，获“福建省工艺美术大师”称号。（图209）

图209　薄意情满西厢摆件 7.5cm×5cm×3cm 江依霖作

中国邮政《寿山石雕·田黄秋韵》

图210　薄意渔翁得利方章 5cm×2.2cm×2.2cm 林文举作

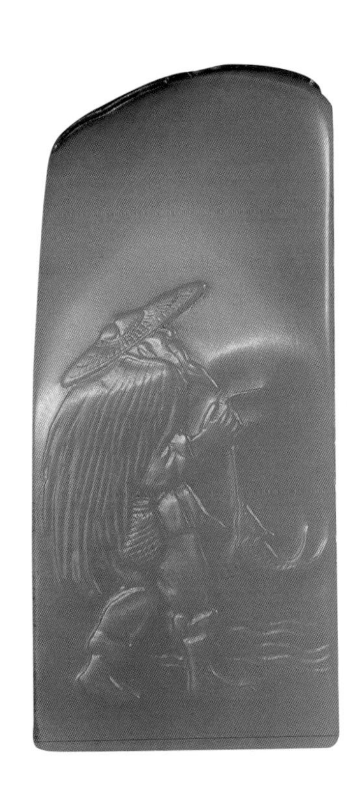

十七、薄意渔翁得利方章　当代·林文举作

章材为乌鸦皮田黄冻石，正方形，上部呈自然圆顶，高5厘米，长、宽均为2.2厘米，重51.2克，保留部分乌鸦皮色斑纹，衬托出肌理纯净温润丽质，内蕴宝气，品相绝佳。

作者惜皮留巧，因材施艺，在章体四周分别镂刻薄意图像，正面塑造一个头戴斗笠，身披蓑衣，手提大肥鱼的渔翁。右侧小道旁芦苇丛生，水浪拍岸。背面取皮色精刻蟹、虾，栩栩如生，跃入人眼。附拓片亲笔题识，评石论艺，更有画龙点睛之妙，可知此乃平生得意之作。

作者林文举（1956年生），福建福州人。出生于石雕世家，幼得父林棋俤启蒙，嗜好攻石。从福州工艺美术学校毕业后，因成绩优异，留校执教多年，私淑林清卿，专攻薄意技艺，融入书画精粹，开辟薄意艺术新境界，博得金石鉴赏家赏识，赞云：“不媚不俗，清丽洒脱。”现为高级工艺美术师，获“福建省工艺美术大师”称号。（图210）

局部

渔翁得利 乌鸦皮田黄冻也色质上乘
温润细腻凝灵半冻宝气内蕴入手
可亲萝卜纹隐化不显却是最纯优之田
黄冻石 黑皮留巧为小构黑皮渗入特征之迹
印重五十一点二克实好品相详可欣之
出余子手之心也 辛卯小雪 文乐再识

拓片及作者题识

图211　薄意双燕迎春长方章 3.5cm×2.3cm×1.8cm 林荣基作

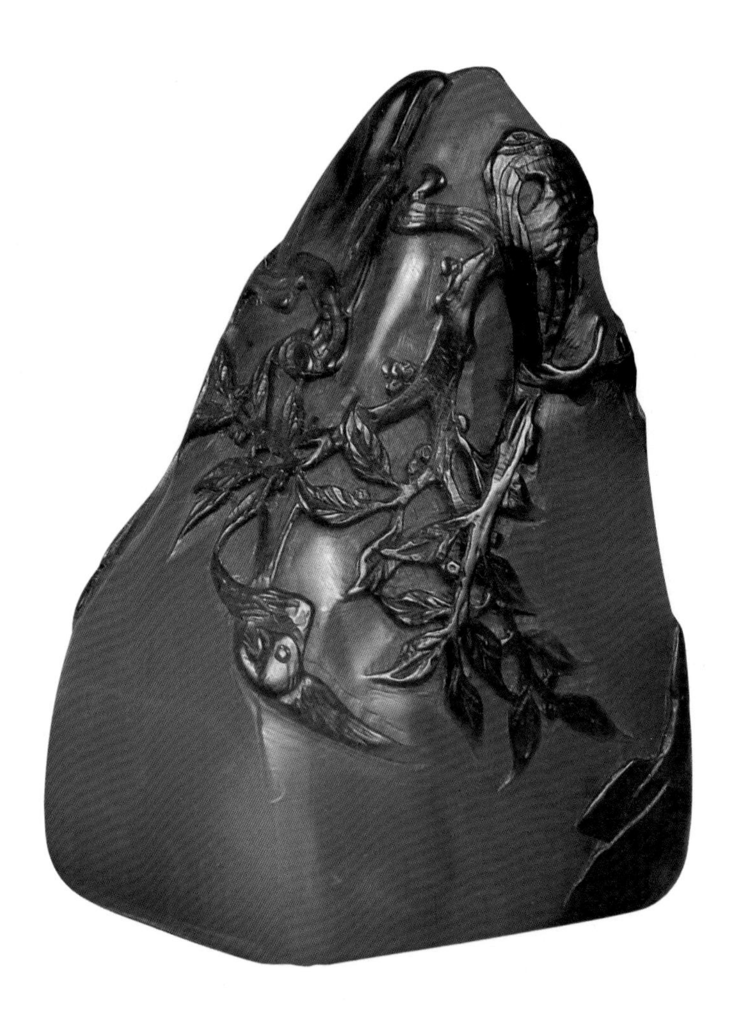

十八、薄意双燕迎春长方章 当代·林荣基作

章形长方，顶呈金字塔状，造型稳重大气，高3.5厘米，长2.3厘米，宽1.8厘米，四围包裹乌鸦黑皮，浓淡变幻，富有光泽，肌理晶莹通透，偶现红筋，质色俱佳，田石良材。作品巧用色皮，以薄意掺浅浮雕技法刻《双燕迎春图》，繁枝穿插疏密有致，双燕轻盈漫舞其间，融诗画于石面，犹如一幅水墨画，显现出浓浓春意。

作者林荣基（1946年生），福建福州人，系寿山石雕东门派第四代传人，幼受父林寿煁艺术熏陶，后就读于福州工艺美术学校，擅长浮雕、薄意，传承东门派林氏家法，以构思缜密、刀法严谨闻名于世。此章是其年届花甲正当技艺炉火纯青之时所作，需倍加珍惜。（图211）

局部

图212　微刻·朱彝尊《寿山石歌》 2.1cm×3.5cm×0.8cm 林钦松作

十九、微刻·朱彝尊《寿山石歌》　当代·林钦松作

在一块高2.1厘米，长3.5厘米，宽0.8厘米的田黄冻石小片上，微刻明末清初著名学者、诗人朱彝尊（1629—1709）《寿山石歌》，全文200余字，楷书竖排。

肉眼观察，正面平整明亮，枇杷黄色隐含萝卜细纹，背面留存皮层原貌。只有在放大镜下仔细品赏，方能辨出一幅笔画清晰、顿挫有力的单刀阴文书法微刻，仿佛一座碑刻，韵味无穷。

作者林钦松（1947年生）又名轻松，号悟功堂主，福建福州人。幼承家传，精通医术、武术、书画及雕刻，毕业于中国美术学院高级研究生班。现为中国书画艺术家交流中心主任委员，曾东渡扶桑六载，举办“林钦松中国水墨书画、微雕篆刻艺术展”，轰动海外。著有《规范楷书》《中国古代经典诗文集粹》等。（图212）

微刻放大图

壽山石歌

朱彝尊

無諸城北山青蘄近郊一舍無楓杉中
間韞石美如玉南渡以後長封緘是誰
巧指蚯蚓窟中田忽發蛟龍函剖之斑
璘具五色他山之石皆卑凡我昔南遊
翫塘市對此不覺潛欲歃是時楊老善
雕琢鈕壓羊馬磨礱兼金易置白藤
笈不使花乳求休攙全來賈索尚三倍
未免瑕漬同梅賦其初產自稷下里後
乃深入芙蓉巖菁華已竭採未歇惜也
大洞成空嵌非無桃紅艾葉綠安得好
手來鑴劃桂孫見之不忍釋褒以黃葛
白蕉衫伏波車中載薏苡徒令昧者生
譏讒況今關吏猛於虎江漲橋近須抽
帆已忍輸錢為頑石慎勿輕露條冰銜

辛巳嘉平左海去病甫
林輕松於悟功堂

林钦松录 朱彝尊《寿山石歌》七古诗

主要参考书目

宋　代

梁克家《三山志》

明　代

王应山《闽都记》

清　代

高　兆《观石录》

毛奇龄《后观石录》

查慎行《敬业堂诗集》

郑　杰《闽中录》

陈克恕《篆刻针度》

郭柏苍《闽产录异》

丁　仁《西泠八家印选》

施鸿保《闽杂记》

民 国

梁　津《福建矿务志略》

陈亮伯《说印》

崇　彝《说印（补）》

龚　纶《寿山石谱》

刘大同《古玉辨》

张俊勋《寿山石考》

陈子奋《寿山印石小志》

赵汝珍《古玩指南》

当　代

潘主兰《寿山石刻史话》

王宗良《田黄石的矿物组成及色彩机理初探》

故宫博物院编《明清帝后宝玺》

郭福祥《明清帝后玺印》

故宫博物院等编《中国印石》

陈重远《古玩史话与鉴赏》

南京市博物馆《南京市博物馆藏印选》

福州市博物馆《福州文物集粹》

《寿山石》杂志

台北“故宫博物院”《故宫文物》月刊

编后记

本世纪伊始，方宗珪先生在其数十年专研寿山石历史文献和文物资料的基础上，开始着手编撰“寿山石文化丛书”。他认为，寿山石自开发以来的一千五百余年间，以其独特的意蕴，融汇了自然美与艺术美的语言，成为立足于中华文化沃土上的一朵奇葩。寿山石文化也成为中国传统文化的重要组成部分。由此，方先生主张对寿山石的鉴赏、收藏应置于中国传统文化的大氛围中，只有这样才能真正领略寿山石的魅力和价值所在。而“寿山石文化丛书”也正是基于这样的理念编撰的。

该丛书的前两部《寿山石鉴藏指南》与《寿山石文玩钮饰》于2007年出版。前者详细介绍了寿山石的品种分类及以此为基础的鉴赏和购藏，后者专述寿山石印章的钮式演变和薄意雕刻艺术，从历史溯源和当代收藏风尚两个维度展示了寿山石文玩艺术品的诞生过程。这两部书以其全面详实、谱系清晰严谨的寿山石知识为读者提供了全景百科式的阅读体验，便于读者按图索骥，检索寿山石艺术品的石种、矿质特征、雕刻流派风格、印钮题材、投资价值等信息。

第三部《寿山石历史掌故》于2010年出版，可视为一部通俗的、写给大家看的寿山石断代史。作者通过对寿山石数千年发展历史的系统梳理和回顾，生动呈现了寿山石这一灵石瑰宝如何由文人雅士的推崇传播、帝王权贵的醉心钟情而升华为富有地域特色的文化现象，并进而风靡华夏，折射出其巨大商业价值背后的历史文化内涵，才是值得鉴赏收藏者认真品味的。

这部《寿山石珍宝田黄》堪称该丛书的“压轴之作”。田黄是中国印石中最珍贵的瑰宝，资源稀缺，向为金石家梦寐以求的篆刻良材。清初，田黄石作为贡品进献宫廷，被尊为“石中之王”，更成为皇位、权力的象征。为了写好这部田黄专书，方宗珪先生曾几度前往寿山调研，其中两次组织专题考察团（组）到田黄溪进行实地考察，用脚步丈量孕育田黄的每一寸土地，以期科学地揭示田黄所承载的丰厚文化内涵。定稿以后，方先生与编辑之间就图版遴选、排版样式、文献校订等反复进行沟通与讨论，本人更审核稿样数次，其严谨不苟令人感动。

“寿山石文化丛书”四部如今全部出版，如作者所期望的那样，真正从文化、历史的视野为读者揭开了我们的民族瑰宝——寿山石神秘的面纱，希望这套丛书能给喜爱寿山石的朋友带来新的收获。

方宗珪，字方石，号阿季、老石人。

1942年2月生于福建福州。擅书画，精雕艺，致力寿山石理论研究50余载。出版有《寿山石志》《寿山石全书》《中国寿山石》和《寿山印石研究集粹》（日文版）等十余部专著。

历任中国宝玉石协会理事、印石专业委员会常务副主任及中国工艺美术学会理论研究会理事等职。现为高级工艺美术师，获“特级名艺人”“福建省工艺美术杰出人物”等荣誉称号。